普通高等教育高职高专"十三五"规划教材

维 修 电 工

主 编 朱晓娟

U0266172

中国水利水电出版社

www.waterpub.com.cn

·北京·

内 容 简 介

本教材参照《国家职业技能标准　维修电工》要求，总结了多年的实际教学及培训经验，从职业能力培养的角度出发进行编写，力求体现职业培训教学的规律，满足学生职业技能训练需要。

本教材遵循"教、学、做"一体化的理念，采用模块化的编写方式。共有十章内容，第一章至第九章为维修电工职业岗位工作中应该掌握的理论基础知识，第十章为要求掌握的实践技能。教材中设置了练习题，并附答案以供参考。

本教材可作为中、高等职业院校电类专业教材，也可作为维修电工职业技能培训与鉴定考核教材，或供相关从业人员参加就业培训、在职培训时使用。

图书在版编目（ＣＩＰ）数据

维修电工 / 朱晓娟主编. -- 北京 ：中国水利水电出版社，2017.8

普通高等教育高职高专"十三五"规划教材

ISBN 978-7-5170-5765-9

Ⅰ．①维… Ⅱ．①朱… Ⅲ．①电工－维修－高等职业教育－教材　Ⅳ．①TM07

中国版本图书馆CIP数据核字(2017)第197944号

书　　名	普通高等教育高职高专"十三五"规划教材　**维修电工**　WEIXIU DIANGONG
作　　者	主　编　朱晓娟
出版发行	中国水利水电出版社 （北京市海淀区玉渊潭南路１号Ｄ座　100038） 网址：www. waterpub. com. cn E - mail：sales@waterpub. com. cn 电话：（010）68367658（营销中心）
经　　售	北京科水图书销售中心（零售） 电话：（010）88383994、63202643、68545874 全国各地新华书店和相关出版物销售网点
排　　版	中国水利水电出版社微机排版中心
印　　刷	三河市鑫金马印装有限公司
规　　格	184mm×260mm　16开本　14.75印张　350千字
版　　次	2017年8月第1版　2017年8月第1次印刷
印　　数	0001—3000册
定　　价	**33.00元**

前言 QIANYAN

近年来，职业院校大力进行教学改革，建立"校企合作、工学结合、顶岗实习"的人才培养模式，突出职业道德、工匠精神、技术技能、创业就业能力的培养，将学校的教学活动与企业的生产过程紧密结合，不断完善"双证书"制度。电类相关专业的学生在校学习期间不但要学习职业岗位工作中要求的知识和技能，还要通过职业技能鉴定考核取得国家职业资格证书。本教材依据国家职业标准和相关企业对技能人才的需求进行编制。可以满足初、中级维修电工职业技能鉴定培训的要求，也可以作为中等职业学校和高职高专电类相关专业的教材。

本教材的编写以职业能力为核心，以职业标准为依据，结合企业岗位需求，注重职业能力培养。内容覆盖职业岗位工作中要求掌握的理论知识和实践技能。教材力求体现职业培训的规律，反映职业技能鉴定考核的基本要求，满足参加各级各类鉴定考试的需要。第一章至第九章理论基础知识的编排按模块化编写，各部分的内容合理衔接、步步提升、重点突出，文字表述注重简洁，可阅读性强。通过基本理论基础知识的系统学习，掌握维修电工应知应会的理论知识，接着在第十章中安排了七个实训项目，七个实训项目由简单到复杂，通过动手操作进一步巩固前面的理论知识，锻炼实际动手操作能力。实训项目的操作评分模拟维修电工职业技能鉴定考核实操部分进行评定。本教材最后设有维修电工鉴定考核的练习题及答案，共设置160道选择题、40道是非判断题，涵盖了维修电工理论基础知识要点，有利于读者抓住重点，提高学习效率。

本教材由贵州水利水电职业技术学院朱晓娟主编，尹峰、朱俊俊、何思源、王飞、谢雅佶、张蓉蓉、王璐璐等参编。其中朱晓娟编写第一章、第十章的实训项目一至项目六以及练习题及答案，尹峰编写第二章及第十章的实训项目七，朱俊俊编写第三章，何思源编写第四章，王飞编写第五章，谢雅佶编写第六章，张蓉蓉编写第七章，王璐璐编写第八章及第九章。本教材在编写过程中得到贵州水利水电职业技术学院继续教育部的大力支持和帮助，在此致以诚挚的谢意。由于编者水平所限，书中疏漏和不妥之处在所难免，敬请读者批评指正。

编者

2016 年 12 月

目录 MULU

第一章

电 工 基 础 知 识

第一节　直流电路的基本知识

一、电路的基本概念

1. 电路及电路模型

电路是电流的流通路径，它是由一些电气设备和元器件按一定方式连接而成的。复杂的电路呈网状，又称为网络。电路和网络这两个术语是可以通用的。电路的作用是实现能量的传输、转换或信息的处理、传递。能量传输、转换的典型实例是电力系统。发电机将其他形式的能源转换为电能，再通过变压器和输电线路将电能输送给用电设备，这些用电设备再将电能转换为机械能、热能、光能或其他形式的能量。

图1-1为由干电池、小灯泡、开关和连接导线构成的一个简单直流电路。当合上开关时，干电池向外输出电流，小灯泡有电流流过，小灯泡就发光。

任何一个完整的电路，通常由电源、负载、连接导线与控制设备组成。电路可以用电路图来表示，图中的设备或组件用国家标准规定的符号表示。图1-2是图1-1的电路图。

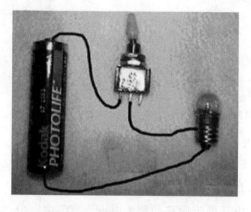

图1-1　实际电气元件及接线

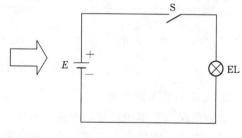

图1-2　电路图

电路通常有三种状态：

（1）开路。整个电路中某处断开，如开关断开、连接导线断开等。开路又称为断路。开路时，电路中无电流通过，如图1-3（a）所示。

（2）通路。将电路接通，构成闭合回路，电路中有正常的工作电流通过，如图1-3（b）所示。

（3）短路。在电路中电源（或电路中的一部分）由于某种原因被连接在一起，如负载或电源两端被导线连接在一起，就称为短路，如图1-3（c）所示。

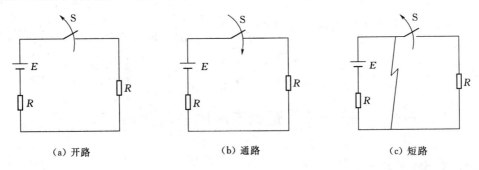

（a）开路　　　　　　　　　（b）通路　　　　　　　　　（c）短路

图1-3　电路的状态

为了分析研究实际电气装置的需要和方便，常采用模型化的方法，即用理想元件及其组合近似地代替实际的元器件，从而构成了与实际电路相对应的电路模型。定义理想化的电路元件来近似地模拟电气元器件的电磁特性。例如无论是照明用的灯泡、加热用的电炉，还是将电能转换为机械能的电动机等电路元器件，其消耗电能这一电磁特性在电路模型中均可用理想电阻元器件 R 来表示；定义电容元件是一种只储存电场能量的理想元件；电感元件是一种只储存磁场能量的理想元器件。用电阻、电容、电感等理想电路元器件来近似模拟实际电路中每个电气元器件和设备，再根据这些元器件的连接方式，用理想导线将这些电路元件连接起来，就得到该实际电路的电路模型。图1-4为实际电路与电路模型的转换。

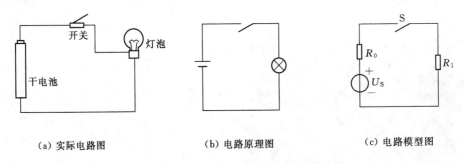

（a）实际电路图　　　　　　　（b）电路原理图　　　　　　　（c）电路模型图

图1-4　实际电路与电路模型的转换

2. 电路的基本物理量

表示电路的基本物理量有电流、电压、电位、电动势、电功率等。

（1）电流。物质内部有正、负两种电荷，电荷的定向移动称为电流。直流电路中，电流的大小和方向恒定，不随时间变化，简称直流（写作DC），用大写字母 I 表示，方向规定为正电荷定向移动的方向。

1）电流的大小和单位。电流是指电荷的定向移动。电源的电动势形成了电压，继而产生了电场力。在电场力的作用下，处于电场内的电荷发生定向移动，形成了电流。电流的大小称为电流强度（简称电流，符号为 I），是指单位时间 t 内通过导线某一截面的电荷量 Q。

电流大小：每秒通过1库仑（C）的电量称为1安培（A）。

$$I = \frac{Q}{t}$$

单位时间内通过导体横截面的电荷越多，流过导体的电流越强；反之电流就越弱。

电流的单位是安（A），也常用毫安（mA）或者微安（μA）做单位。它们之间的换算关系为

$$1A = 1000mA$$

$$1mA = 1000\mu A$$

2）电流的参考方向。物理上规定电流的方向，是正电荷定向移动的方向。在金属导体中的电荷是自由电子。在电源外部电流沿着正电荷移动的方向流动。在电源内部由负极流回正极。

在进行电路计算时，很多情况下不能确定电路中电流的方向。为了计算方便，常先任意假定一个电流方向，称为参考方向或正方向，用箭头表示。规定当电流的方向与参考方向一致时，电流为正值（$I > 0$）；当电流的方向与参考方向相反时，电流为负值（$I < 0$）。因此，在选定的参考方向下，根据电流的正、负，就可以确定电流的方向，如图1-5所示。

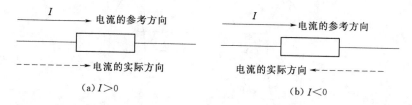

图1-5 电流的方向

3）电流密度。电流密度指当电流在导体的截面上均匀分布时，垂直于电流流向的单位面积上通过的电流，就是该点处电流密度的大小，用字母J表示，其数学表达式为

$$J = \frac{I}{S}$$

选择合适的导线横截面积就是考虑导线的电流密度在允许的范围内，保证用电量和用电安全。导线允许的电流随导体横截面的不同而不同。

4）电流的测量。电流可用电流表测量。测量时必须把电流表串联在电路中，并使电流从表的正端流入、负端流出，如图1-6所示。要选择好电流表量程，使其大于实际电流的数值，这样可以防止电流过大而损坏电流表。

（2）电压。电荷能够运动，是因为有电位差。电位差也就是电压，电压是形成电流的原因。电压的概念是指电路中两点A、B之间的电位差（简称为电压），其大小等于单位正电荷因受电场力作用从A点移动到B点所做的功。电压的方向规定为从高电位指向低电位的方向。电压是衡量电场力做功本领大小的物理量。如果电压的大小及方向都不随时间变化，称为直流电压，用大写字母U表示。

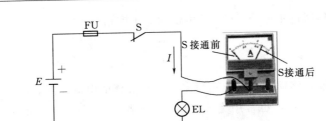

图 1-6　电流测量

1）电压的大小和单位。电压大小为单位正电荷从 a 点移动到 b 点时电场力所做的功。若正电荷从 a 点移动到 b 点，则规定电压方向为从 a 点指向 b 点，记为 U_{ab}。

$$U_{ab} = \frac{W}{Q}$$

式中　W——电场力由 a 点移动电荷到 b 点所做的功，J；

　　　Q——由 a 点移动到 b 点的电荷量，C；

　　U_{ab}——a、b 两点间的电压，V。

电压的单位是伏特，符号为 V。如果将 1 库仑正电荷从 a 点移动到 b 点，电场力所做的功为 1 焦耳，则 a 和 b 两点之间的电压为 1 伏，如图 1-7 所示。

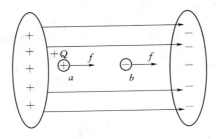

图 1-7　电场力做功

电压的单位也常采用千伏（kV）、毫伏（mV）或者微伏（μV）。它们之间的换算关系为

$$1kV = 1000V$$
$$1V = 1000mV$$
$$1mV = 1000\mu V$$

电压可分为高电压、低电压和安全电压。

高、低电压的区别是：以电气设备对地的电压值为参照，对地电压高于 250V 的为高电压。对地电压小于 250V 的为低电压。

安全电压指人体较长时间接触而不致发生触电危险的电压。

按照 GB 3805—83《安全电压》规定，安全电压是为防止触电事故而采用的，由特定电源供电的电压系列。我国对工频安全电压规定了以下五个等级，即 42V、36V、24V、12V 以及 6V。

2）电压方向。在电场作用下，正电荷总是从高电位向低电位运动，我们规定电压的方向为由高电位点指向低电位点，如图 1-8 所示。

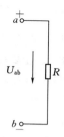

图 1-8 电压的方向

在电路中，电压的方向也称为电压的极性，用"＋"和"－"表示正电荷的"起点"和"终点"，读作"正极"和"负极"。

和电流一样，电路中任意两点之间的电压的实际方向不能预先确定，因此同样可以任意设定该段电路电压的参考方向，并以此为依据进行电路分析和计算。若计算电压结果为正值，说明电压的设定参考方向与实际方向一致；若计算电压结果为负值，说明电压的设定参考方向与实际方向相反。电压的参考方向有三种表示方法，如图 1-9 所示。这三种表示方法的意义相同。

图 1-9 电压参考方向三种表示方法

对电压进行分析计算时，电路图中所标电压极性都是指参考极性。

3）电压测量。电压可用电压表测量。测量时电压表并联在电路元器件两端，电压表的正、负极性和被测电压要一致，如图 1-10 所示。要选择电压表指针接近满偏转的量程。如果电路上的电压大小估计不出来，要先用大的量程，粗略测量后再用合适的量程。这样可以防止由于电压过大而损坏电压表。

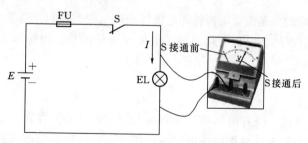

图 1-10 电压测量

（3）电位。电位是指电路中某点与参考点之间的电压。通常把参考点的电位规定为零，又称为零电位。电位的文字符号用带单下标的字母 V 表示，即电位又代表一点的数值，如 V_a 表示 a 点的电位。电位的单位也是伏特（V），为方便表示，在本教材中仍用 U 表示电位。因此用 U_a 表示 a 点的电位。一般选大地为参考点，即视大地为零电位。在电子仪器和设备中又常把金属外壳或电路的公共接点的电位规定为零电位。电路中任意两点（如 a、b 两点）之间的电位差（电压）与该两点电位的关系为（图 1-8）

$$U_{ab}=U_a-U_b$$

即电路中任意两点之间的电位差就等于这两点之间的电压。故电压又称为电位差。

电压具有相对性，即电路中某点的电位随参考点位置的改变而改变；而电位差具有绝对性，即任意两点之间的电位差值与电路中参考点的位置选取无关。

由式 $U_{ab}=U_a-U_b$ 可知，$U_{ab}=-U_{ba}$（图 1-8）。如果 $U_{ab}>0$，则 $U_a>U_b$，说明 a 点电位高于 b 点电位；反之，$U_{ab}<0$，则 $U_a<U_b$，说明 a 点电位低于 b 点电位。

电位有正电位与负电位之分，当某点的电位大于参考点电位（零电位）时，称其为正电位，反之叫负电位。

【例 1-1】　如图 1-11 所示，已知 $U_a=20\text{V}$，$U_b=10\text{V}$，$U_c=6\text{V}$。求 U_{ab} 和 U_{cb} 各为多少？

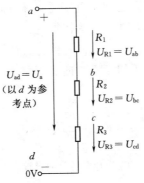

图 1-11　电位与电压

解： 根据电位差（电压）与电位的关系可知：

$$U_{ab}=U_a-U_b=20\text{V}-10\text{V}=10\text{V}$$

$$U_{cb}=U_c-U_b=6\text{V}-10\text{V}=-4\text{V}$$

（4）电动势。电动势是衡量电源将非电能转换成电能本领的物理量，是指电源内部，外力将单位正电荷从电源的负电极 b 移动到正电极 a 所做的功，用符号 E 表示。其数学表达式为

$$E=\frac{W_{ab}}{Q}$$

对于一个电源来说，既有电动势，又有端电压。电动势只存在于电源内部，电动势的方向规定为在电源内部由负极指向正极。一般情况下，电源的端电压总是低于电源内部的电动势，只有当电源开路时，电源的端电压才与电源的电动势相等。电动势的单位与电压相同，也是伏特（V）。

（5）电阻与电导。

1）电阻。当电流通过金属导体时，做定向运动的自由电子会与金属中的带电粒子发生碰撞。导体对电荷的定向运动有阻碍作用。导体对电流的阻碍作用就叫该导体的电阻。电阻就是反映导体对电流起阻碍作用大小的一个物理量。

电阻用字母 R 表示。电阻的单位名称是欧姆，简称欧，用符号 Ω 表示。

当导体两端的电压是 1V，导体内通过的电流是 1A 时，这段导体的电阻就是 1Ω。常用的电阻单位还有 kΩ 和 MΩ，它们之间的换算关系为

$$1k\Omega = 10^3 \Omega$$

$$1M\Omega = 10^3 k\Omega = 10^6 \Omega$$

即使没有电压，导体仍然有电阻。导体的电阻是客观存在的，它不随导体两端电压大小而变化。导体的电阻 R 跟它的长度 L 成正比，跟它的横截面积 S 成反比，还跟导体的材料有关系，这个规律就叫电阻定律：

$$R = \frac{\rho L}{S}$$

其中，ρ 为电阻率，用某种材料制成长 1m、横截面积是 1mm² 的导线的电阻，称为这种材料的电阻率。电阻率是描述材料性质的物理量。国际单位制中，电阻率的单位是 $\Omega \cdot m$，常用单位是 $\Omega \cdot mm^2/m$。与导体长度 L、横截面积 S 无关，只与物体的材料和温度有关，有些材料的电阻率随着温度的升高而增大，有些反之。

2）电导。电阻的倒数称为电导。电导用符号 G 表示，即

$$G = \frac{1}{R}$$

导体的电阻越小，电导就越大。电导大就表示导体的导电性能良好。电导的单位名称是西门子，简称西，用符号 S 表示。

各种材料的导电性能有很大差别。在电工技术中，各种材料按照它们的导电能力，一般可分为导体（$1 \times 10^{-8} \Omega \cdot m$ 左右）、绝缘体（$10^6 \sim 10^{18} \Omega \cdot m$）、半导体（$10^{-6} \sim 10^6 \Omega \cdot m$）和超导体。

二、电阻电路及其等效变换

1. 欧姆定律

在同一电路中，导体中的电流跟导体两端的电压成正比，跟导体的电阻阻值成反比。欧姆定律有部分电路欧姆定律、全电路欧姆定律。

（1）部分电路欧姆定律。部分电路欧姆定律是指在不包含电源的电路（图 1 - 12）中，流过导体的电流强度，与这段导体两端的电压成正比，与导体的电阻成反比。部分电路欧姆定律公式为

$$I = \frac{U}{R} \tag{1-1}$$

式中 I、U、R——属于同一部分电路中同一时刻的电流强度、电压和电阻。

也就是说：电流＝电压/电阻。

欧姆定律通常只适用于线性电阻。

图 1 - 12 所示电路中，当电阻 $R = 100\Omega$，电阻两端电压为 50V，流过电阻的电流为

$$I = \frac{50V}{100\Omega} = 0.5A$$

（2）全电路欧姆定律（闭合电路欧姆定律）。全电路由两部分组成，一部分是电源的外部电路，它是由用电器和导线连成的，叫外电路；另一部分是电源的内部电路，有电池内的溶液或内阻等，叫内电路（图 1-13）。在外电路中，电流由电源正极出发，通过导线和用电器流向电源负极。在内电路中，电源则由电源负极流向正极，形成一个环形的串联电路。在外电路中，沿电流方向电势降低。

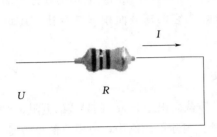

图 1-12　不含电源的电阻电路

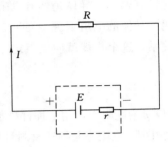

图 1-13　全电路

$$E = U + U_{内} = IR + Ir$$

$$I = \frac{E}{R+r}$$

式中　E——电压，V；

　　　R——电阻，Ω；

　　　I——电流，A。

其中 E 为电动势，r 为电源内阻，内电压 $U_{内} = Ir$。

全电路欧姆定律适用范围为纯电阻电路。

【例 1-2】　有一电源的电动势为 6V，内阻 r 为 0.8Ω，外接负载电阻 R 为 9.6Ω。求电源内压降和端电压。

解：根据电位差（电压）与电位的关系可知：

$$I = \frac{E}{R+r} = \frac{6}{9.6 + 0.8} = 0.58(\text{A})$$

内压降　　　　　　$U_0 = Ir = 0.58 \times 0.8 = 0.46(\text{V})$

端电压　　　　　　$U = IR = 0.58 \times 9.6 = 5.56(\text{V})$

2. 电阻电路的连接

（1）电阻的串联。把两个或两个以上的电阻器按顺序首尾相接连成一串，使电流只有一条通路的连接方式称为电阻的串联。

电阻串联电路特点如下：

1）电路中流过每个电阻的电流都相等，即

$$I = I_1 = I_2 = I_3 = \cdots = I_n$$

2）电路两端的总电压等于各电阻两端的电压之和，即

$$U = U_1 + U_2 + U_3 + \cdots + U_n$$

3）电路的等效电阻（即总电阻）等于 n 个串联电阻之和（图 1-14），即串联电阻 R 等效值为

$$R=R_1+R_2+R_3+\cdots+R_n$$

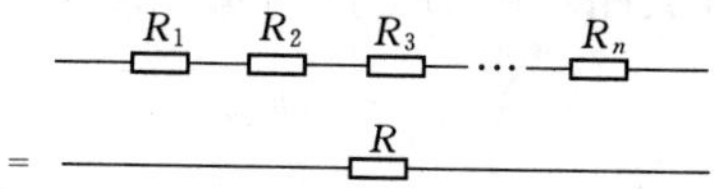

图 1-14 电阻串联示意图

4）电路中各电阻上的电压与各电阻的阻值成正比：

$$U_n=\frac{R_n}{R}U \qquad\qquad (1-2)$$

式（1-2）称为分压公式，其中 R_n 越大，R_n 上所分配的电压 U_n 也越大。$\frac{R_n}{R}$ 称为分压比。

在计算中，经常遇到两个电阻串联，当给定总电压时，它们的分压公式分别为

$$U_1=\frac{R_1}{R_1+R_2}U$$

$$U_2=\frac{R_2}{R_1+R_2}U$$

（2）电阻的并联。把两个或两个以上的电阻并列地连接在两点之间，使每一个电阻两端都承受同一个电压的连接方法，称为电阻的并联。

电阻并联电路特点如下：

1）电路中各电阻两端的电压相等，并且等于电路两端的电压，即

$$U=U_1=U_2=U_3=\cdots=U_n$$

2）电路的总电流等于各电阻中的电流之和，即

$$I=I_1+I_2+I_3+\cdots+I_n$$

3）电路的等效电阻（即总电阻）的倒数，等于各并联电阻的倒数之和（图 1-15），即

$$\frac{1}{R}=\frac{1}{R_1}+\frac{1}{R_2}+\frac{1}{R_3}+\cdots+\frac{1}{R_n}$$

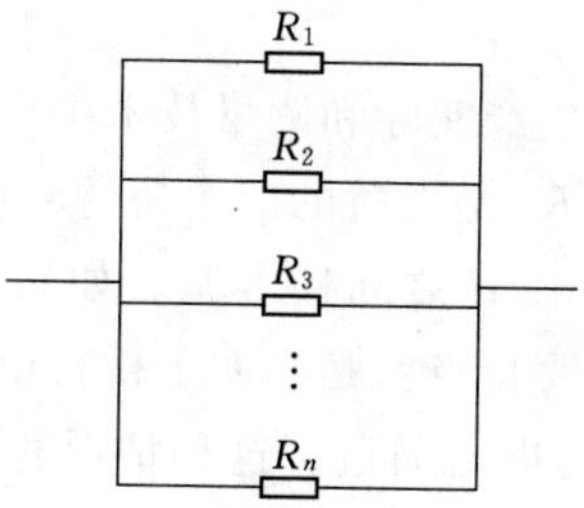

图 1-15 电阻并联示意图

当只有两个电阻并联时，电阻等效值为

$$R=\frac{R_1 R_2}{R_1+R_2}$$

4）在电阻并联电路中，各支路分配的电流与支路的电阻值成反比，即

$$I_n=\frac{R}{R_n}I \tag{1-3}$$

式（1-3）中电阻 R_n 越大，通过它的电流越小；R_n 越小，通过它的电流越大。此公式常称为分流公式，$\dfrac{R}{R_n}$ 称为分流比。

由于 $U=U_n$，$U=IR$，$U_n=I_n R_n$ 即

$$I_n=\frac{R}{R_n}I$$

在并联电路的计算中，最常用的两条支路的分流公式为

$$I_1=\frac{R_2}{R_1+R_2}I$$

$$I_2=\frac{R_1}{R_1+R_2}I$$

式中　I——总电流。

（3）电阻的混联。电路中电阻组件既有串联又有并联的连接方式，称为混联，如图 1-16 所示。

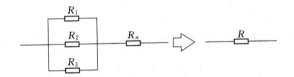

图 1-16　电阻串、并混联示意图

混联电阻值 R 的计算：先用公式 $\dfrac{1}{R}=\dfrac{1}{R_1}+\dfrac{1}{R_2}+\dfrac{1}{R_3}+\cdots+\dfrac{1}{R_n}$ 计算并联电阻等效值 $R_并$，然后再用公式 $R=R_1+R_2+R_3+\cdots+R_n$ 计算混联电阻值。

对于某些较为繁杂的电阻混联电路，判别各电阻的串、并联关系，比较有效的方法就是画出等效电路图，即把原电路整理成较为直观的串、并联关系的电路图，然后计算其等效电阻。

（4）直流电桥。电桥电路在生产实际和测量技术中应用十分广泛，直流电桥电路如图 1-17 所示。其中 R_1、R_2、R_3、R_4 是电桥的四个桥臂。电桥的一组对角顶点 a、b 之间接电阻 R；电桥的另一组对角顶点 c、d 之间接电源。如果所接电源为直流电源，则这种电桥称为直流电桥。电桥电路的主要特点就是当四个桥臂电阻的阻值满足一定关系时，会使接在对角 a、b 间的电阻 R 中没有电流通过。这种情况称为电桥的平衡状态。R_1 与 R_4 在电桥电路中是两个相对的桥臂，R_2 与 R_3 则是另外两个相对桥臂，直流电桥的平衡条件是：对臂电阻的乘积相等，即 $R_1 R_4=R_2 R_3$。

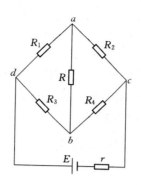

图 1-17 直流电桥电路

3. 电功与电功率

电流通过金属导体时，导体会发热，这种现象称为电流的热效应。这是因为电流通过导体时，克服导体电阻的阻碍作用，对电阻做了功，促使导体分子的热运动加剧，电流能转换成热能，使导体的温度升高。如果在导体中，电能完全转换成热能，则在一段时间中，导体所发出的热量就等于同一时间内耗用的电能。实验表明，电流流过金属导体产生的热量与电流的平方、导体的电阻及通过电流的时间成正比，即

$$Q = I^2 R t$$

如果电流的单位为 A，电阻的单位为 Ω，时间的单位为 s，则热量单位为 J（焦耳），此关系称为焦耳定律。

（1）电功。电流通过不同的负载时，负载可以将电源提供的电能转变成其他不同形式的能量，电流就要做功。如果 a、b 两点的电压为 U，则将电量为 q 的电荷从 a 点移到 b 点时电场力所做的功为

$$A = Uq$$

由于

$$I = \frac{q}{t}$$

则

$$A = UIt = I^2 R t = \frac{U^2}{R} t \tag{1-4}$$

在式（1-4）中，电压单位为 V，电流电位为 A，电阻单位为 Ω，时间单位为 s，则电功单位为 J。

在实际应用中，电功还有一个常用的单位是 kW·h。

$$1 \text{kW} \cdot \text{h} = 3.6 \times 10^6 \text{J}$$

（2）电功率。单位时间电流所做的功称为电功率，它用来表示电场力做功的快慢。电功率用字母 P 表示，即

$$P = \frac{A}{t} \tag{1-5}$$

在式（1-5）中，若电功的单位为 J，时间单位为 s，则电功率的电位为 J/s 或 W。

实际应用中，电功率的单位还有 kW。

$$1 \text{kW} = 10^3 \text{W}$$

电阻的电功率与其电压、电流、电阻的关系还有

$$P = UI = I^2R = \frac{U^2}{R}$$

1）串联电阻功率。

$$P = I_1^2R_1 + I_2^2R_2 + I_3^2R_3 + \cdots + I_n^2R_n$$
$$= I^2(R_1 + R_2 + R_3 + \cdots + R_n)$$

【**例 1-3**】 图 1-18 的分压电路中，$R_1 = R_3 = 330\Omega$，R_2 为一电位器（即有一个滑动接点，通过接点改变电阻比值，以达到调节电位 U_o 的目的）。图 1-18 分压器电路中 $R_2 = 470\Omega$，输入电压 $U_i = 15V$。

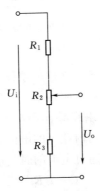

图 1-18 分压器电路

（1）求输出电压 U_o 的变化范围。

（2）求分压器回路总电流。

（3）求分压器回路消耗的总功率。

解：（1）电位器 R_2 的滑动接点调至最低点时，U_o 由 R_3 上分压输出，由分压公式（1-2）可得

$$U_o = \frac{R_3}{R_1 + R_2 + R_3}U_i = \frac{330}{330 + 470 + 330} \times 15 = 4.38(V)$$

调节 R_2 滑动接点至最高位置，U_o 由 R_2 和 R_3 串联后分压输出，则为

$$U_o = \frac{R_2 + R_3}{R_1 + R_2 + R_3}U_i = \frac{470 + 330}{330 + 470 + 330} \times 15 = 10.62(V)$$

由此可见，输出电压 U_o 的变化范围为 4.38～10.62V。

（2）分压器回路总电流：

$$I = \frac{U}{R_1 + R_2 + R_3} = \frac{15}{330 + 470 + 330} = 0.013(A) = 13(mA)$$

（3）分压器回路消耗的总功率：

$$P = IU = 0.013 \times 15 = 0.2(W)$$

2）电阻并联功率。

$$P = I_1^2R_1 + I_2^2R_2 + I_3^2R_3 + \cdots + I_n^2R_n$$
$$= U^2\left(\frac{1}{R_1} + \frac{1}{R_2} + \frac{1}{R_3} + \cdots + \frac{1}{R_n}\right)$$

【例1-4】 图1-19在修理电器时，需要更换某一阻值的电阻元件，若没有这一规格时，可以用几只其他阻值的电阻串联或并联代替。已知图1-19的电路中 $R_1 = 2\text{k}\Omega$，$R_2 = 3\text{k}\Omega$，电路总电流 $I = 10\text{mA}$。

求：（1）并联电路的等效电阻 R，各支路的电流 I_1、I_2。

（2）求电阻 R_1、R_2 电压降。

（3）求回路消耗的总功率。

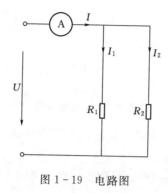

图1-19 电路图

解：（1）电路等效电阻 R：

$$\frac{1}{R} = \frac{1}{R_1} + \frac{1}{R_2}$$

$$R = \frac{R_1 R_2}{R_1 + R_2} = \frac{2 \times 3}{2 + 3} = 1.2(\text{k}\Omega)$$

两个电阻并联时等效电阻等于这两个电阻之积比上它们的和，这个公式将会大量用到，应牢记。

电路各支路电流由分流公式计算：

$$I_1 = \frac{R}{R_1} I = \frac{1.2}{2} \times 10 = 6(\text{mA})$$

$$I_2 = \frac{R}{R_2} I = \frac{1.2}{3} \times 10 = 4(\text{mA})$$

（2）R_1、R_2 电压降：

$$U = U_{R_1} = U_{R_2}$$

（3）回路消耗的总功率。

$$P = I_1^2 R_1 + I_2^2 R_2 = 0.006^2 \times 2000 + 0.004^2 \times 3000 = 0.12(\text{W})$$

第二节 直流电路计算

一、基尔霍夫定律

欧姆定律和基尔霍夫定律是分析计算电路的两个基本定律。运用欧姆定律及电阻串、并联就能对电路进行化简、计算的直流电路，叫简单直流电路。对于一些复杂的电路，不可能用串联公式简化时，则要用基尔霍夫定律来分析计算。基尔霍夫定律既适用于直流电路，也适用于交流电路。为了阐明该定律含义，现在先介绍与定律有关的几个电路基本术语。

（1）支路。电路中流过同一电流不分叉的一段电路称为支路。图1-20所示的电路可以看到共有三条支路。

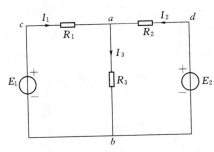

图1-20　电路示例

（2）节点。电路中三条或三条以上支路的连接点称为节点。图1-20中共有a、b两个节点。

（3）回路。电路中的任何一闭合路径称为回路。在图1-20中共有三个回路，即$abca$、$adba$和$adbca$。

（4）网孔。在回路中间不框入任何其他支路的回路称为网孔，网孔也叫最简单的回路。图1-20中有两个网孔。

基尔霍夫定律包括电流定律和电压定律两部分。由于在电路分析计算中经常使用，分别由代号KCL和KVL来简要表示。基尔霍夫电流定律也称为基尔霍夫第一定律，而基尔霍夫电压定律也称为基尔霍夫第二定律。

1. 基尔霍夫电流定律（KCL）

基尔霍夫电流定律指出：对于电路中的任一节点，在任一时刻流入节点电流的总和等于流出节点电流的总和。这就是电流的连续性原理。它适用于每一个节点，例如图1-20中a节点，可得（按各支路电流的参考方向计算）

$$\left.\begin{array}{l} I_1 + I_2 = I_3 \\ I_1 + I_2 - I_3 = 0 \\ \sum I = 0 \end{array}\right\} \tag{1-6}$$

式（1-6）为基尔霍夫电流定律的数学表达式。表达式表明任何时刻，对任一节点所有各支路电流的代数和（通常规定流入节点电流为正，流出节点电流为负）为零。由于此定律表明了节点上各电流的关系，故又称为节点定律。

当节点上各电流中仅有一个未知时可利用基尔霍夫电流定律求取。

【例1-5】　图1-21所示电路中，已知电流$I_1 = 10A$，$I_2 = 8A$，$I_3 = 3A$，试求I_4等于多少。

解：由KCL（基尔霍夫电流定律）有

$$I_1 - I_2 - I_3 - I_4 = 0$$

$$I_4 = I_1 - I_2 - I_3 = 10 - 8 - 3 = -1(A)$$

符号说明电流I_4的真实方向是流入节点，与图中所示的方向相反。

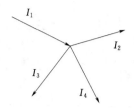

图 1-21　［例 1-5］图

基尔霍夫电流定律也可以推广到任一假设的封闭面。因为对封闭面来说，电流仍然是连续的，所以通过任一封闭面的电流的代数和也为零。例如图 1-22 所示的电路中，已知 $I_1=10A$，电阻 R_1、R_2、R_3 的大小未知，同样可由 KCL 来计算 I_3 的大小。对于图中虚线所示的封闭面，应用 KCL 可以列出下式：

$$I_3 = I_1 + I_2 = 10 + 5 = 15(A)$$

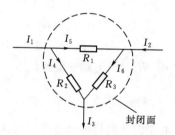

图 1-22　KCL 的应用

这一结果相当于把封闭面看成一个节点，应用 KCL 方程直接计算，而不需要考虑封闭面内部各支路上的电流。

2. **基尔霍夫电压定律（KVL）**

基尔霍夫电压定律用来分析任一回路内各段电压之间的关系。如果从回路任意一点出发，以顺时针方向或逆时针方向沿回路循环一周，尽管电位有时升高，有时降低，但起点和终点是同一点，它们的电位差（电压）为零。而这个电压又等于回路内各段电压的代数和。所以在电路的任意闭合回路中，各段电压的代数和等于零，用公式表示为

$$\sum U = 0 \tag{1-7}$$

利用 KVL 列写方程时，必须首先假设回路中各元件电压的参考方向，并指定回路的绕行方向（顺时针或逆时针）。当电压方向与回路绕向一致时（沿回路绕向，电压由"＋"极走向"－"极），电压取正号，相反时（沿回路绕向，电压由"－"极走向"＋"极），电压取负号。为了说明基尔霍夫电压定律的应用，我们在图 1-20 的电路取出一个回路 adbca，并重新画在图 1-23 中。再依次标出各元件上的电压 U_1、U_2、U_3、U_4 的参考方向。选顺时针为回路的绕行方向，在图中用虚线箭头表示。

在运用基尔霍夫电压定律 $\sum U = 0$ 时，关键是各元件上电压正负号的决定。U_2、U_3 电压参考方向与回路绕行方向一致取正号，U_1、U_4 电压的参考方向与回路绕行方向相反，则取负号。因此有

$$-U_1 + U_2 + U_3 - U_4 = 0$$

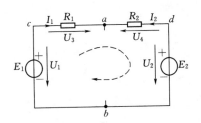

图 1-23　KVL 示例

显然，在一个回路中，仅有一个元件上的电压未知时，运用基尔霍夫电压定律就能方便地求取未知的量。

基尔霍夫电压定律也可采用另一种表述方式。由图 1-23 中可知，电源上的电压 U_1、U_2 分别等于相应的电动势 E_1、E_2，重新改写为

$$-E_1 + E_2 + U_3 - U_4 = 0$$
$$U_3 - U_4 = E_1 - E_2$$

由欧姆定律，可以写出 $U_3 = R_1 I_1$，$U_4 = R_2 I_2$，则有

$$R_1 I_1 - R_2 I_2 = E_1 - E_2$$

写成一般形式，可表示为

$$\sum RI = \sum E \tag{1-8}$$

式 (1-8) 就是基尔霍夫电压定律的另一种数学表达式，它表明任何时刻，任一回路中电阻元件上电压降的代数和等于回路中各电动势的代数和。式中电压、电动势的正负号规则与前述相同。例如，电动势 E_1 的方向与回路绕行方向相同，取正号；电动势 E_2 的方向与回路绕行方向相反，则取负号。

基尔霍夫电压定律也可推广到任一假想的闭合回路中。例如图 1-24 中已知电压 U_a 和 U_b，要计算 a、b 两点间电压 U_{ab}，我们可以把 $aoba$ 看成是一个假想的闭合回路，a、b 间有一条假想支路，电压为 U_{ab}。由 KVL 有

$$-U_{ab} + U_a - U_b = 0$$
$$U_{ab} = U_a - U_b$$

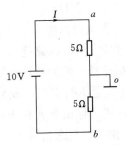

图 1-24　闭合回路

二、叠加原理

叠加原理是指在线性电路中，各支路电流（或电压）等于各电源分别单独作用在该支路

所产生的电流（或电压）的代数和。所谓电源分别单独作用是指某电路中一个电源起作用，而其他电源不起作用，通常将不起作用的电源短接。如图 1-25（b）、图 1-25（c）所示。

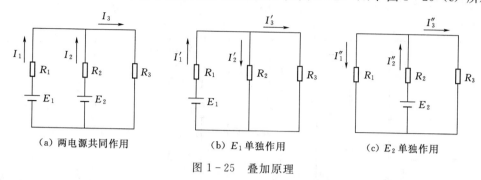

（a）两电源共同作用　　　（b）E_1 单独作用　　　（c）E_2 单独作用

图 1-25　叠加原理

如图 1-25 所示，E_1、E_2 两电源共同作用时，电路中产生各支路电流为 I_1、I_2 和 I_3；当 E_1 单独作用时，电路中产生各支路电流为 I_1'、I_2' 和 I_3'；当 E_2 单独作用时，电路中产生各支路电流为 I_1''、I_2'' 和 I_3''。而 I_1、I_2 和 I_3 的数值大小应为相对应的 I_1'、I_2'、I_3' 和 I_1''、I_2''、I_3'' 的代数和。根据图 1-25 可得

$$I_1 = I_1' - I_1''$$
$$I_2 = -I_2' + I_2''$$
$$I_3 = I_3' + I_3''$$

由电源单独作用时所产生的电流与原定电路的电流参考方向相同，取正值；反之取负值。

用叠加原理求解电路，实质上是把一个多电源的复杂电路化成几个单电源的简单电路来进行。

三、戴维南定理

二端网络的概念是：不考虑其内部结构，具有两个引出端的部分电路，可称为二端网络，如图 1-26 所示。图 1-26（a）所示的内部电路不含电源，图 1-26（b）所示的内部电路含有电源，则称为有源二端网络。有源二端网络有复杂的和简单的情况，不论繁简如何，它对所要计算的这条支路而言，就只是相当于一个电源，这电源对这条支路提供电能。因此，一个有源二端网络就一定可化简成一个等效电源。将有源二端网络等效成电压源的方法叫戴维南定理。

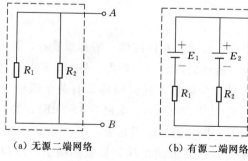

（a）无源二端网络　　　（b）有源二端网络

图 1-26　二端网络

图 1 - 27 （a）是一个有源二端网络与一个负载电阻 R_L 相连接的电路图，而图 1 - 27 （b）是将有源二端网络等效为电动势 E 和内阻 R_0 的等效电源并与负载电阻 R_L 相串联的电路。

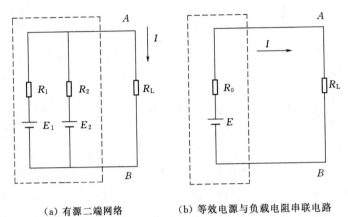

（a）有源二端网络　　　（b）等效电源与负载电阻串联电路

图 1 - 27　等效电源

通过等效变换后电路变成一个简单电路，如果要求流过负载电阻 R_L 电流，用式（1 - 9）计算：

$$I = \frac{E}{R_0 + R_L} \qquad (1 - 9)$$

用戴维南定理计算某一支路电流的步骤如下：

（1）把电路分为待求支路和等效的有源二端网络两部分。

（2）断开待求支路，求出有源二端网络的开路电动势 E。

（3）将有源二端网络内的电源短路（如电流源则开路），求出网络的两端等效电阻 R_0。

（4）作出有源二端网络的等效电路，并接入待求支路，用式（1 - 9）求出该支路的电流。

第三节　磁 的 基 本 知 识

一、磁的概念

1. 磁体与磁极

具有磁性的物体称为磁体。天然存在的磁体（俗称吸铁石）称为天然磁体，现在常见的各种磁体几乎都是人造的。磁体的形状有：条形、针形、蹄形、圆环形等。

磁体两端磁性最强的区域称为磁极。任何磁体都有两个磁极，而且无论怎样分割磁体，它总是保持两个磁极：北极 N（North）、南极 S（South），如图 1 - 28 所示。磁针在静止时，会停止在南北方向上，指北的一端叫北极，用 N 表示；指南的一端叫南极，用 S 表示。磁极间具有相互作用力，即同极相排斥，异极相吸引。磁极间的相互作用力称为磁力。

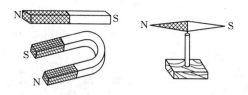

图 1-28　磁体外形

2. 磁场与磁力线

（1）磁场。磁体周围存在磁力作用的空间，称为磁场。在磁场中某一点放一个能自由转动的小磁针，静止时 N 极所指的方向，规定为该点的磁场方向。

（2）磁力线。磁力线是人们假象出来的线，在磁场中可以利用磁力线来形象地表示各点的磁场方向。磁力线就是在磁场中画出一些曲线，在这些曲线上，每一点的切线方向就是该点的磁场方向（图 1-29）。

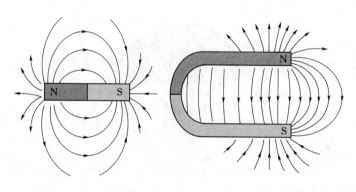

图 1-29　磁力线分布

磁力线具有以下几个特征：

1）磁力线是互相不交叉的闭合曲线。在磁体外部由 N 极指向 S 极，在磁体内部由 S 极指向 N 极。

2）磁力线上任意一点的切线方向，就是该点的磁场方向。

3）磁力线的疏密程度反映了磁场的强弱。磁力线越密，表示磁场越强，磁力线越疏表示磁场越弱。

3. 电流的磁场

电与磁存在密不可分的联系。在一根金属铁钉上绕上导线，导线通电后，铁钉能够吸起金属物体。这种现象表明导体通电后能够形成磁场。

法国科学家安培确定了通电导体周围的磁场方向，并用磁力线进行了描述。

（1）通电直导线的磁场。说明及判断方法：通电直导线周围磁场的磁力线是导线上各点为圆心的同心圆，这些同心圆都在导线垂直的平面上。

磁力线的方向与电流方向之间的关系可用安培定则（又称为右手螺旋定则）来判断。即用右手握住通电直导线，拇指指向电流方向，则四指环绕的方向就是磁力线的方向（图 1-30）。

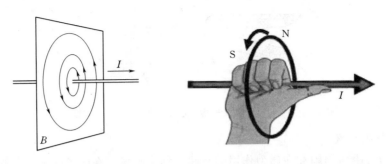

图 1-30　通电直导线的磁场及判断

（2）通电螺线管的磁场。通电螺线管一端相当于 N 极，另一端相当于 S 极，磁力线是一些穿过线圈横截面的闭合曲线。用安培定则（也叫右手螺旋定则）判定磁力线的方向与电流方向之间的关系。即用右手握住螺线管，弯曲的四指指向线圈电流方向，则拇指方向就是螺线管管内的磁场方向，如图 1-31 所示。

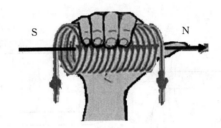

图 1-31　通电螺旋管的磁场及判断

二、磁场的基本物理量

1. 磁通和磁感应强度

（1）磁通。磁通是通过某一截面积 S 的磁力线总数称为通过该面积的磁通量，简称磁通。磁通这一物理量是用来定量描述磁场在一定面积上的分布情况。磁通用字母 Φ 表示，单位为韦伯，简称韦，用符号 Wb 表示。当面积一定时，通过该面积的磁通越大，磁场就越强。

（2）磁感应强度。垂直通过单位面积的磁力线的多少称为该点的磁感应强度。磁感应强度这一物理量表述磁场中各点的强弱和方向，用字母 B 表示。

在均匀磁场中，磁感应强度可表示为

$$B = \frac{\Phi}{S} \tag{1-10}$$

式（1-10）表明磁感应强度 B 等于单位面积的磁通量。磁感应强度也可叫磁通密度。

式（1-10）中，当磁通的单位为 Wb，面积的单位为 m^2，那么磁感应强度 B 的单位是 T，称为特拉斯，简称特。

磁力线上某点的切线方向就是该点磁感应强度的方向。磁感应强度不但表示某点磁场的强弱，而且还表示出该点磁场的方向。

对于磁场中某一固定点来说，磁感应强度 B 是个常数，而对磁场中位置不同的各点，B 可能不相同。若磁场中各点的磁感应强度的大小和方向相同，这种磁场称为均匀磁场。在均匀磁场中，磁力线是等距离的平行线。

为了在平面上表示出磁感应强度的方向，通常用"×"（相当于箭尾）或"·"（相当于箭头）表示垂直进入直面或垂直从直面出来的磁力线或磁感应强度。

2. 磁导率和磁场强度

（1）磁导率。磁导率就是一个用来表示介质磁性能的物理量，用字母 μ 表示，其单位名称是亨利每米，简称亨每米，用符号 H/m 表示。由实验测得真空中的磁导率 $\mu_0 = 4\pi \times 10^{-7}$ H/m 为一常数。自然界只有少数物质对磁场有明显的影响。为了衡量介质对磁场的影响，把任一物质的磁导率与真空磁导率的比值称为相对磁导率，用 μ_r 表示，即

$$\mu_r = \frac{\mu}{\mu_0} \tag{1-11}$$

相对磁导率只是一个比值。它表明在其他条件相同的情况下，介质中的磁感应强度是真空磁感应强度的多少倍。根据磁导率的大小，可把物质分成三类：

1）顺磁物质，$\mu_r > 1$，如空气、铝、铬、铂等。

2）反磁物质，$\mu_r < 1$，如氢、铜等。

3）铁磁物质，如铁、钴、镍、硅钢、坡莫合金、铁氧体等，其相对于磁导率 μ_r 远大于1，可达几百甚至数万以上，且不是一个常数。铁磁物质被广泛应用于电工技术及计算机技术等方面，如变压器用的硅钢片等。

（2）磁场强度。磁场中某点的磁感应强度 B 与介质磁导率 μ 的比值，称为该点的磁场强度，用 H 表示，即

$$H = \frac{B}{\mu} \tag{1-12}$$

磁场强度的单位名称为安培每米，简称安每米，用符号 A/m 表示。

磁场强度的数值只与电流的大小及导体的形状有关，而与磁场介质的磁导率无关。也就是说，在一定电流下，同一点的磁场强度不因磁场介质的不同而改变，这给工程计算带来很大方便。磁场强度是矢量，在均匀媒体介质中，它的方向和磁感应强度的方向一致。

三、磁场对载流导体的作用

1. 磁场对载流直导体的作用

如图1-32所示，在两磁极之间放一根直线导体，并使导体垂直于磁力线。当导体中未通电流时，导体不会运动。如果接通电源，使导体按图1-32方向流过电流时，导体在力的作用下立即会产生运动。若改变导体电流的方向或磁极极性，则导体会向相反方向运动。载流导体在磁场中所受的作用力称为电磁力，用 F 表示。电磁力 F 的大小与导体电流大小成正比，与导体在磁场中的有效长度及载流导体所在的位置磁感应强度成正比，即

$$F = BIl \tag{1-13}$$

当导体垂直于磁感应强度的方向放置时，导体受到的电磁力最大，与其平行放置时不受力。若直导体与磁感应强度方向成 α 角时，则导体与 B 垂直方向的投影 $l_\perp$ 为导体的有

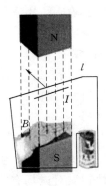

图 1-32　载流直导体在磁场中的受力

效长度，即 $l_L = l\sin\alpha$，导体所受的电磁力 $F = BIl_L$，即

$$F = BIl\sin\alpha \tag{1-14}$$

左手定则：载流直导体在磁场中的受力方向，可用左手定则判别。将左手伸平，拇指与四指垂直在一个平面上，让磁力线垂直穿过手心，四指指向电流方向，则拇指指向就是导体的受力方向。

若电流方向与磁力线方向不是垂直的，则可将电流 I 的垂直分量分解出来，然后再用左手定则来判断作用力的方向，如图 1-33 所示。

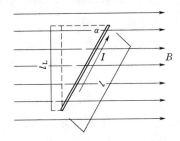

图 1-33　直导体与磁感应强度方向成 α 角

【例 1-6】　在均匀磁场中放一个 $l = 0.8\text{m}$，$I = 12\text{A}$ 的载流直导体，它与磁感应强度的方向成 $\alpha = 30°$，若这根载流直导体所受的电磁力 $F = 2.4\text{N}$，求磁感应强度 B 及 $\alpha' = 60°$ 时导体所受到的作用力 F'。

解：
$$F = BIl\sin\alpha$$

$$B = \frac{F}{Il\sin\alpha} = \frac{2.4}{12 \times 0.8 \times \sin30°} = \frac{2.4}{9.6 \times 0.5} = 0.5(\text{T})$$

$$F' = BIl\sin\alpha' = 0.5 \times 12 \times 0.8 \times \sin60° = 4.2(\text{N})$$

2. 磁场对通电矩形线圈的作用

如图 1-34 所示，在均匀磁场中放置一通电矩形线圈 $abcd$，当线圈平面与磁力线平行时，由于 ad 边和 bc 边与磁力线平行而不受磁场的作用力，但 ab 边和 cd 边因与磁力线垂直将受到磁场的作用力 F_1 和 F_2，受到作用力的两个边叫有效边。

两条有效边所受到的作用力不仅大小相等而且根据左手定则可知，受力方向正好相反，因而构成一对力偶，将使线圈绕轴线做顺时针方向转动。

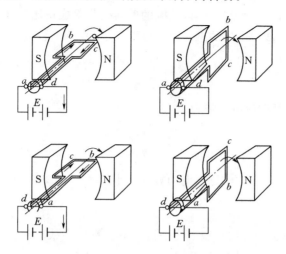

图 1－34 磁场对通电矩形线圈的作用

【例 1－7】 如图 1－35 所示，绕在转子中的矩形线圈通有电流 $I＝6A$，其中受到电磁作用力的有效边 a 和 b 的长度 20cm，导线位置如图 1－35 所示，转子直径 $D＝15cm$，磁感应强度 $B＝0.9T$，求每根导线所受到的电磁力以及线圈在该位置时所受到的转矩是多少？

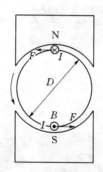

图 1－35 ［例 1－7］图

解： 由图可知电流 I 与 B 的方向互相垂直，而线圈平面与磁力线平行，由此可得：

（1）每根导线（a 或 b）所受到的电磁力为

$$F＝BIl＝0.9×6×0.2＝1.08(N)$$

（2）作用在矩形线圈上的转矩为

$$M＝2F\frac{D}{2}＝2×1.08×0.075＝0.162(N·m)$$

四、电磁感应

电磁感应是指因磁通变化而在导体或线圈中产生感应电动势的现象。由电磁感应产生的电动势称为感应电动势（感生电动势），简称感应电势。由感应电势引起的电流称为感应电流（感生电流）。

1. 法拉第电磁感应定律

线圈中感应电动势的大小与穿越该线圈的磁通变化率成正比。这一规律就称为法拉第电磁感应定律。单匝线圈中产生的感应电动势的大小为

$$e = \left| \frac{\Delta\Phi}{\Delta t} \right| \tag{1-15}$$

对于 N 匝线圈，其感应电动势为

$$e = N \left| \frac{\Delta\Phi}{\Delta t} \right| \tag{1-16}$$

直导体切割磁力线所产生的感应电动势的大小为

$$e = Blv\sin\alpha$$

当 $\alpha = 0°$ 时，导体运动方向与磁力线平行，不切割磁力线，$e = 0$。当 $\alpha = 90°$ 时，导体垂直于磁力线运动，$e = Blv$ 为最大。

2. 感应电流（电动势）的方向

（1）直导体中的感应电流方向判断——右手定则。伸开右手，使拇指与其余四指垂直，且在同一平面内，如图 1-36 所示。让磁力线垂直从手心进入，拇指指向导体运动方向，其余四指所指的方向就是感应电流的方向（也为感应电动势的方向）。

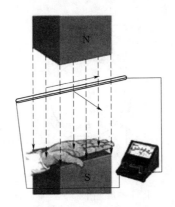

图 1-36 右手定则

（2）线圈中的感应电流方向——楞次定律。楞次定律：线圈中感应电动势的方向，总是使相应电流产生的磁通，阻碍原有磁通的变化。

判定方法如下：

1）首先确定原磁通的方向及变化的趋势（磁铁插入原磁通增加，反之减少），如图 1-37 所示。

2）根据楞次定律确定感应磁通方向。如果原磁通的趋势是增加，则感应磁通与原磁通方向相反；反之，与原磁通方向相同。

3）根据感应磁通方向，应用安培定则（右手螺旋定则）判断线圈中感应电流的方向，即感应电动势的方向。应该注意的是：判断时必须把产生感应电动势的线圈或导体看作电

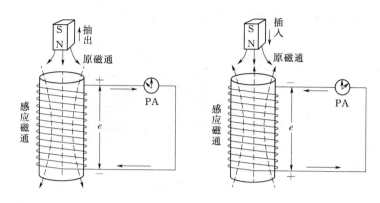

图 1 - 37　线圈中感应电流方向

源。e 的极性如图 1 - 37 所示。

3. 自感

自感应是指由于流过线圈本身的电流发生变化而引起的电磁感应现象，也称为自感现象，简称自感。自感现象产生的感应电动势称为自感电动势。

自感系数（电感量）：线圈中通过单位电流所产生的自感磁链（磁通与线圈的交链）称为自感系数，也称为电感量，简称电感。线圈的自感系数跟线圈的形状、长短、匝数等因素有关。线圈面积越大、线圈越长、单位长度匝数越密，它的自感系数就越大。另外，有铁芯的线圈的自感系数比没有铁芯时大得多。电感用字母 L 表示，即

$$L = \frac{\Psi}{i} \tag{1-17}$$

式中　Ψ——自感磁链，$\Psi = N\Phi$，为整个线圈具有的磁通。

自感单位：自感系数的单位是亨利，简称亨，符号是 H。如果通过线圈的电流在 1s 内改变 1A 时产生的自感电动势是 1V，这个线圈的自感系数就是 1H。常用较小的单位有毫亨和微亨。

$$1H = 10^3 \, mH$$

$$1mH = 10^3 \, \mu H$$

电感量 L 是线圈的固有参数，它的大小决定于线圈的几何尺寸以及线圈中介质的磁导率。

自感电动势：

$$e_L = -L \frac{\Delta i}{\Delta t} \tag{1-18}$$

式（1-19）表明，线圈的自感电动势与线圈的电感量 L 和线圈中电流的变化率成正比。当线圈的电感量一定时，线圈的电流变化越大，自感电动势就越大，反之越小。线圈的电流不变化就没有自感电动势。当电流变化率一定时，线圈电感量越大，则自感电动势也越大；反之，自感电动势越小。

4. 互感

两个线圈之间的电磁感应称为互感应。由于一个线圈中的电流变化而在另一个线圈中

产生感应电动势的现象，称互感现象，如图 1-38 所示。

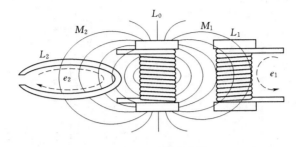

图 1-38　互感示意图

在两个有互感耦合的线圈中，互感磁链与产生此磁链的电流之比值，称为这两个线圈的互感系数，简称互感，用 M 表示，其表达式为

$$M = \frac{\Psi_{12}}{i_1} = \frac{\Psi_{21}}{i_2} \tag{1-19}$$

互感系数反映了一个线圈对另一个线圈产生互感磁链的能力，它的大小仅取决于互感线圈的结构形式、材料性质等自身参数。互感单位和自感单位一样。

五、RL 电路暂态过程

暂态过程就是指由一种稳态变化到另一种稳态必须经过的变化过程。这一变化过程发生的时间一般都是很短暂的，称为"暂态"。

在稳定状态下，流过线圈的电流不会发生变化，电路中的电流只决定电源电压和线圈本身的电阻。但是，在电路接通或断开的瞬间，情况就不同了，出现暂态过程。

1. RL 电路接通直流电源

如图 1-39 所示，RL 电路刚接通直流电源时，通过电路的电流等于零，电感两端的电压为电源电压。RL 电路接通直流电流后，通过电感的电流按指数规律上升到稳定值，而电感两端的电压则按指数规律下降到零，并且电感两端电压最大时电流最小（等于零），而电压为零时，电流最大。电感线圈两端的电压在电路进入稳定状态后，对决定电路的电流不起作用。此时通过线圈的电流由线圈的电阻 R 决定。电感只在电流有变化时才起作用。

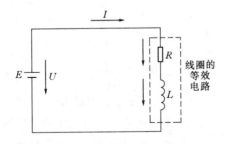

图 1-39　电路接通直流电源

2. RL 电路的短接和断开

如图 1-40 所示，当电路在开关 S 处于 1（电源接通）位置后进入稳定状态，电路的

电流也已达到稳定值。电源供给线圈的能量已储存到磁场中。当开关 S 处于 2（电源断开）位置时，电路中的电阻和电感形成回路，这时电感元件储有的能量将随着时间的推移逐渐消失。因为，电阻 R 不断地消耗电感中的储能，电感中的磁场储能越来越少，电流也逐渐衰减，当电路达到新的稳定状态时，电感中原有的储能全部被电阻转换成热能而消耗完。此时，电路中的电流、电压均为零。如果电源断开时，电路中的电阻和电感没有形成其他回路，那么在开关断开的瞬间，能量释放，放出的能量在开关断开处出现火花。

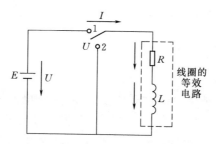

图 1-40　RL 电路短接和断开

六、磁路与磁路欧姆定律

1. 磁路

通过铁磁材料把绝大部分的磁力线约束在一定的闭合路径上，这种集中磁感线（磁通）所经过的闭合路径称为磁路。实际应用时，为了获得较强的磁场，常利用铁磁材料按照电气结构的要求而做成各种形状的铁芯，从而使磁通形成各自所需要的磁路。磁路也可能含有空气间隙和其他的物质。

图 1-41 中是几种电气设备中的磁路。由于铁磁材料的磁导率 μ 远大于空气磁导率，所以磁通主要沿铁芯闭合，只有很少一部分磁通经过空气或其他材料，形成漏磁通，漏磁通很小，一般情况下可以忽略不计。磁路按其结构可分为无分支磁路和分支磁路两类。

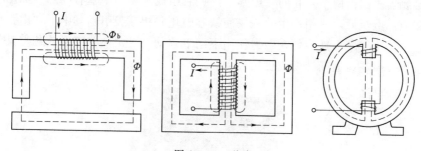

图 1-41　磁路

2. 磁路欧姆定律

若励磁绕组匝数为 N，绕组中的电流为 I，铁芯的截面积为 S，磁路的平均长度为 l，则磁路中的磁通为

$$\Phi = \frac{NI}{R_m} \tag{1-20}$$

式中　NI——磁通势，通过绕组的电流和绕组匝数的乘积（旧称磁动势）。磁通势的单位是安。磁通势是产生磁通的磁源，它相当于电路中的电动势。

　　　　R_m——磁阻。

磁通通过磁路时所受到的阻碍作用，称为磁阻，用符号 R_m 表示：

$$R_m = \frac{l}{\mu S}$$

公式（1-20）称为磁路欧姆定律，磁阻与导体的电阻相似，磁路中磁阻的大小与磁路的长度成正比，与磁路的截面积成反比，并与组成磁路的材料性质有关。单位是1/亨，符号为1/H。

七、电磁的基本应用

1. 电磁铁

应用电流产生磁场和磁能吸引铁的现象而制成的一种电器称为电磁铁。电磁铁的形式很多，但基本组成部分相同，一般由励磁绕组、铁芯和衔铁三个主要部分组成，如图1-42所示。对于电磁铁来说，励磁绕组通电后产生的磁通经过铁芯和衔铁形成闭合磁路，使衔铁也被磁化，并产生与铁芯不同的异性磁极，从而产生吸力。

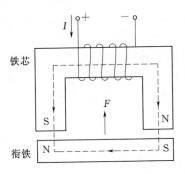

图1-42　电磁铁原理

交流接触器磁路由两个对扣的"山"字形铁芯组成，铁芯中套有线圈，如图1-43所示。当线圈通以电流后，线圈产生的磁场使铁芯磁化并相互吸引。其中下"山"字形铁芯固定不动，上"山"字形铁芯便在磁力作用下向下移动。上"山"字形铁芯与其他机构相连，这样就可以将电流通断转变成机构运动。

图1-43　交流接触器铁芯与线圈

2. 涡流

图 1-44 是在整块铁芯上绕有一组线圈。当线圈通有交变电流时，铁芯内就会产生交变的磁通，这种交变磁通穿越铁芯而产生感应电动势。在感应电动势作用下，产生感应电流。由于这种感应电流是在整块铁芯中流动，自成闭合回路，形如水中的旋涡，故称为涡流。涡流也是一种电磁感应现象。涡流流动时，由于整块铁芯的电阻很小，所以涡流往往可以达到很大的数值，使铁芯发热，因而造成无谓的损耗，称为涡流损耗。涡流损耗的大小与磁场的变化方式、导体的运动、导体的几何形状、导体的磁导率和电导率等因素有关。根据楞次定律涡流还具有削弱原磁场的作用，涡流的这种作用称为去磁。

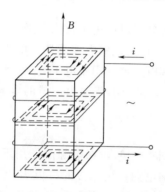

图 1-44 涡流产生

涡流在许多情况下是有害的，它对电气设备起着不良影响。但在某种情况下，也可为人类造福。如涡流产生的热能也常被用来加热金属，制造高频感应炉。在高频感应炉坩埚外缘的线圈通以大功率高频交变电流时，线圈内就会激发很强的高频交变磁场，这时放在坩埚内的被冶炼的金属因电磁感应而产生强大的涡流，释放出大量的焦耳热，结果使金属自身熔化。

第四节 电 容 器

一、电容器的基本物理量

1. 电容器及分类

（1）电容器是储存电荷的容器。电容器通常简称为电容，用字母 C 表示。

电容器是由绝缘物质隔离开的两块导体组成的。两块导体称为电容器的极板，极板上有电极，用于接入电路中；两块导体中间的绝缘物质称为电容器的介质，常见的电容器介质有空气、云母、纸、塑料薄膜和陶瓷等。电容器的种类虽然很多，规格大小不一，但它们的构成原理基本相同。它有两块面积相同、互相平行的金属板和填充期间的介质构成，图文符号如图 1-45 所示。

（2）电容的分类。按照结构分三大类：固定电容器、可变电容器和微调电容器。

1）固定电容器指电容量固定不可调节的电容器。固定电容器按所用介质分，有纸介电容器、云母电容器、陶瓷电容器、金属化纸介电容器、有机薄膜电容器、电解电容器

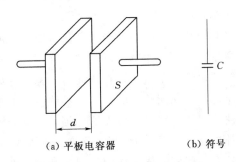

（a）平板电容器　　　　（b）符号

图 1-45　电容器

等。其中电解电容器有正、负之分，只适用于直流电路。

2）可调电容器指电容能量在较大范围内连续调解的电容器。常用的有空气可调电容器和聚苯乙烯可调电容器，可调电容器常用于电子电路作调谐组件。

3）微调电容器指电容量只能在较小范围内调节的电容器。微调电容器有陶瓷微调、云母微调和拉线微调几种。

2. 电容量

把电容器接入直流电源（图 1-46），在电源的作用下，使与电源正极相接的极板 A 上的自由电子，通过电源移到与电源负极相接的极板 B 上，则电容器的极板 A 因失去电子带上正电荷，极板 B 因得到电子而带上等量的负电荷。一旦电容器两极板上带上等量而异号的电荷后，电容器两端就产生电压，且该电压随着极板上储存的电荷增多而增大。当增大到等于电源电压时，电容器两极板上的正、负电荷将保持一定值。极板上所带的电荷量 Q 与极板间电压 U 的比值称为电容器的电容量，简称电容，用 C 表示，单位为法拉，用 F 表示，数学表达式为

$$C = \frac{Q}{U} \tag{1-21}$$

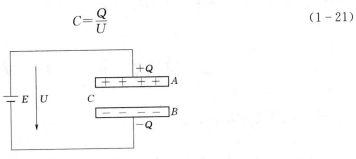

图 1-46　电容器接入直流电源

在实际应用中使用小容量电容的情况较多，一般可用较小的单位 μF、nF、pF 标注电容量，其换算关系为

$$1\mu F = 10^{-6} F$$

$$1nF = 10^{-3} \mu F = 10^{-9} F$$

$$1pF = 10^{-6} \mu F = 10^{-12} F$$

3. 电容器的主要性能指标

（1）电容器的指标为标称容量和允许误差。电容器上所标明的电容值称为标称容量，

标称容量和电容器实际容量之间是有差额的，电容器允许误差分为±1％（00级）、±2％（0级）、±5％（Ⅰ级）、±10％（Ⅱ级）、±20％（Ⅲ级）等五级。电容器的误差有的用百分数表示，有的用误差等级表示。

（2）电容器的额定工作电压。电容器的额定工作电压是指电容器长时间工作而不会引起介质电性能遭到任何破坏的直流电压数值。电容器工作时，实际所加电压的最大值不能超过额定工作电压。如果加到电容器上的电压超过了额定工作电压，介质的绝缘性能性能将会受到破坏，电容器会被击穿，两极间发生短路。

二、电容器的连接

实际使用时，常会遇到现有的电容器的电容量或耐压不能满足电路要求的情况，这时，可以把若干只电容器进行适当地连接后接入电路中使用。电容器的连接方法有串联、并联和混联。

1. 电容器串联

将两只或两只以上的电容器一次连接，构成中间无分支的连接方式称为电容器的串联。两只电容器串联的电路如图1-47所示。

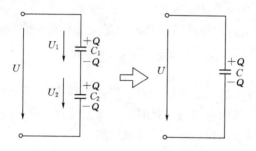

图1-47　电容器串联

电容器串联电路特点如下：

（1）电容器串联时，各电容器上所带的电荷量相等，即

$$Q_1 = Q_2 = \cdots = Q_n = Q \tag{1-22}$$

（2）电容器串联电路两端的总电压等于各电容器两端的分电压之和，即

$$U = U_1 + U_2 + \cdots + U_n$$

（3）电容器串联电路的总电容量（即等效电容）的倒数，等于各个电容器电容量的倒数之和，即

$$\frac{1}{C} = \frac{1}{C_1} + \frac{1}{C_2} + \cdots + \frac{1}{C_n} \tag{1-23}$$

式（1-23）表明，电容器串联电路的总电容量小于任何一只电容器的电容量。因为电容器串联相当于加大了极板间的距离，使总电容量减小。

2. 电容器并联

将两只或两只以上的电容器并列地接在相同的两点之间的连接方式称为电容器的并联。两只电容器并联的电路如图1-48所示。

电容器并联电路的特点如下：

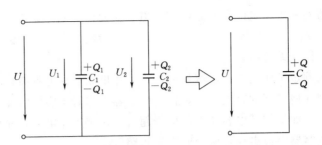

图 1-48 电容器并联

（1）电容器并联时，每只电容器所承受的电压相同，并等于电源电压，即

$$U_1 = U_2 = \cdots = U_3 = U \tag{1-24}$$

（2）电容器并联时，等效电容器所储存的电荷量等于各电容器所储存的电荷量之和，即

$$Q = Q_1 + Q_2 + \cdots + Q_n \tag{1-25}$$

（3）电容器并联电路的电容量（即等效电容量）等于各个电容器的电容量之和，即

$$C = C_1 + C_2 + \cdots + C_n \tag{1-26}$$

式（1-26）表明，电容器并联时的总电容量大于任何一只电容器的电容量。因为电容器并联相当于加大了极板的面积，从而增大了电容量。

3. 电容器混联

由以上电容器串、并联的特点可以知道，当电容器的耐压不够高时，可以把几只电容器串联起来使用；当电容器的电容量不足时，可以把几只电容器并联起来使用。若所需的电容量和耐压都不能满足要求时，则可采用混联的方式。

三、电容器的充、放电

在一定条件下进行充电和放电，是电容器在电路中的基本工作方式。

1. 电容器的充、放电过程

在图 1-49 所示电路中，开关 S 合向接点 2 时，观察到电流表 PA_2 和电压表 PV 的读数均为零，说明电路中无电流，电容器两极板上未储存电荷。

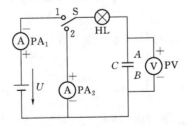

图 1-49 电容器的充放电

在开关 S 刚合向接点 1 瞬间，电容器的极板上未储存电荷，两极板间的电压为零，于是极板 A 与电源正极之间、极板 B 与电源负极之间存在较大电位差，使大量电荷移向两极板，在电路中形成的充电电流较大，小灯泡较亮，随着电容器极板上电荷的堆积，电容器两极板间的电压逐渐升高，电源两极与电容器极板间的电位差逐渐减小，充电电流也逐

渐减小，灯泡逐渐变暗。当电容器两端的电压升高至电源电压时，电荷停止移动，电流为零，小灯泡熄灭，充电过程结束。使电容器两极板带上等量而异号电荷的过程称为电容器的充电。

充电结束后，把开关 S 由接点 1 合向接点 2 时，由于电容器充电后两极板之间电位差的存在，驱使极板 A 上的正电荷通过导线与极板 B 上的负电荷中和，并在电路中产生与充电电流方向相反的放电电流。刚开始放电时，两极板之间的电位差较大，所以放电电流较大，灯泡较亮。随着放电的继续，电容器两极板上的正负电荷不断中和，极板上的电荷不断减少，两极板间的电压随之下降、放电电流逐渐减小，小灯泡逐渐变暗。当两极板的电荷全部中和后，极板上不再带有电荷，电压下降为零、电流为零，小灯泡熄灭，放电过程结束。使电容器两极板所带正负电荷中和的过程称为电容器的放电。

2. 电容器的电场能量

由于充电后的电容器的两极板储存着等量而异号的电荷，所以电容器两极板间的介质中存在着电场，并在其中储存着电场能量。实际上，电容器充电的过程就是吸收电源输出的能量，并转换成电场能量储存于电容器中的过程；而放电过程是电容器把在充电时储存的电场能量释放出来，又转换成其他形式能量的过程。可见，电容器在充放电过程中，只是吸收和释放能量，并不消耗能量，所以电容器是一种储能元件。

电容器所储存的电场能量 W_C 与电容器的电容量 C 和两极板之间的电压 U 有关，其关系为

$$W_C = \frac{1}{2}CU^2 \tag{1-27}$$

式（1-27）中，若电容 C 的单位为 F，电压 U 的单位为 V，则电场能量 W_C 的单位为 J。

电场能量和其他能量一样，只能逐渐积累或逐渐释放，不能产生突变。因此，由上式得出一个重要的概念：电容器两端的电压不能突变。

四、RC 电路的暂态过程

1. RC 串联电路的暂态过程

（1）RC 串联电路接通直流电源时的暂态过程。图 1-50 为电阻、电容串联电路。当开关合向 a 端时，电源就要向电容充电。在充电过程中，随着电容器极板上电量的增多，使电容器两端电压升高，电源电压与电容器两端电压之差也逐渐减小，因而充电电流也逐渐减小。电流的减小说明电容器极板上的电量增长的速度和电容器上电压增长的速率在减小，即电压增加慢。

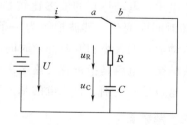

图 1-50 RC 串联电路的暂态过程

当电压上升到等于电源电压时，由于它们的方向相反，故充电电流下降到零，此时电容器两端电压达到稳定值。

（2）RC 串联电路的短接。在图 1-50 中将开关板向 b 端时，已充电的电容器就通过开关被导线短接，负极板上的负电荷在电场力的作用下逆电场方向通过导线、电阻移动到另一极板上，与正电荷中和，此时电路中有电荷移动，形成放电电流，放电电流与充电电流方向相反。

放电开始的瞬间，u_C 具有最大值且等于放电前的稳定电压 U，此时放电电流为最大，随着放电的继续，电容器上的电荷不断中和，电压逐渐下降，放电电流也随着减小。直到放电完毕时，电压 u_C 和电流 i 均为零。

2. 时间常数

无论电容器充电还是放电，电流、电压随时间变化的曲线都是开始变化较快，以后逐渐减慢，直至无限接近最终值。电容器充电时，当电路中电阻一定，电容量越大，则达到同一电压所需的电荷就越多，因此所需要的时间就越长；若电量一定，电阻越大，充电电流就越小，因此充电到同样的电荷值所需要的时间就越长，如图 1-51 所示。放电规律也是如此，如图 1-52 所示。这说明 R 和 C 的大小影响着充放电时间的长短。R 与 C 的乘积叫 RC 电路的时间常数，用 τ 表示，即

$$\tau = RC$$

时间常数 τ 的单位除秒（s）外，常用的单位还有毫秒（ms）、微秒（μs）。

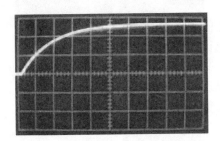
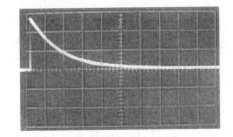

图 1-51　电容器充电曲线　　　　　　图 1-52　电容器放电曲线

第五节　正弦交流电基础知识

一、交流电路的基本概念

直流电流和交流电流（或电压、电动势）的波形比较如图 1-53 所示。由图可看出，直流电流的大小和方向都不随时间而变化，其波形图为一条水平直线，这是一种恒定电流。而交流电流（或电压、电动势）的大小和方向都随时间周而复始地变化，所以称为交变电流。在一般情况下，所说的交流电就是指正弦交流电。在分析交流电路时，不同瞬时交流量的比较是没有意义的。这也是其区别于直流电的基本特征。

二、正弦量的周期、频率、角频率

正弦量变化一周的时间称为周期，用 T 表示，周期的单位为秒（s）。

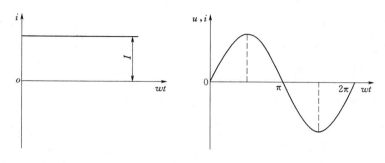

图 1-53　直流电流和交流电流波形

每秒钟内重复变化的次数称为频率，用符号 f 表示。频率单位为赫兹（Hz）。

我国规定供电工频（指工业上用的交流电源的频率）为 50Hz，即 1s 时间内，交流电变化 50 次。变化一次所需要的时间为 1/50s=0.02s=20ms，其周期与频率关系为

$$T=\frac{1}{f} \tag{1-28}$$

发电机转子每转一周，交流电动势变化一次。显然，要产生 50Hz 的交流电，发电机每秒钟要旋转 50 转。电机的转速用 r/min 表示，故发电机的转速应为 50r/s×60s/min=3000r/min。

交流电变化用电角度表示，即弧度。交流电变化一周的电角度为 2π。交流电变化快慢，除了用频率 f 表示，还可以用角频率这一物理量来反映。所谓角频率就是单位时间内交流电变化的电角度，一个周期内交流电变化 2π 弧度，显然角频率为

$$\omega=\frac{2\pi}{T}=2\pi f \tag{1-29}$$

角频率的单位是弧度每秒（rad/s），角频率 ω 与频率 f 成正比，ω 越大，即频率 f 越高，交流电变化就越快。

【例 1-8】 已知我国工业用电频率 $f=50\mathrm{Hz}$。求周期 T 和角频率 ω。

解：
$$T=\frac{1}{f}=\frac{1}{50}=0.02(\mathrm{s})=20(\mathrm{ms})$$

$$\omega=2\pi f=2\times3.14\times50=314(\mathrm{rad/s})$$

三、正弦量的旋转矢量表示

图 1-54 中：
$$u_0=U_\mathrm{m}\sin(\omega t_0+\psi)$$
$$u_1=U_\mathrm{m}\sin(\omega t_1+\psi)$$
$$u_2=U_\mathrm{m}\sin(\omega t_2+\psi)$$
$$u_3=U_\mathrm{m}\sin(\omega t_3+\psi)$$

可以写出电压的变化函数关系式：
$$u=U_\mathrm{m}\sin(\omega t+\psi_u) \tag{1-30}$$

同理，可写出电流的变化函数关系式：
$$i=I_\mathrm{m}\sin(\omega t+\psi_i) \tag{1-31}$$

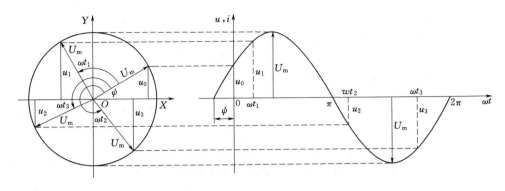

图 1-54 正弦量的旋转矢量表示

四、交流电的三要素、有效值

旋转矢量完整地表达了正弦函数的三要素：

(1) 旋转矢量的长度等于正弦函数的最大值。

(2) 初相位：在 $t=0$ 时旋转矢量和横坐标轴间的夹角。

(3) 角频率 ω：旋转矢量绕坐标原点 O 沿逆时针方向旋转的角速度。

旋转矢量任意时刻在纵坐标（Y 轴）上的投影，就是这个矢量所代表的正弦函数在同一时刻的瞬时值。

正弦量是随时间 t 按正弦规律不断变化的，所以在每一时刻的值都是不同的。我们把每一时刻的数值称为正弦量的瞬时值。交流电的瞬时值用小写字母来表示，正弦电动势、正弦电压和正弦电流的瞬时值分别用 e、u、i 表示。

瞬时值中的最大数值称为交流电的最大值，或称为幅值、峰值。最大值用大写字母加下标 m 来表示，如 E_m、U_m、I_m。

交流电的瞬时值是随时间变化的，不能用来表示交流电的大小。交流电的最大值则仅仅表示某一瞬间最大的数值，因此，在电工技术中，常用有效值表示交流电的大小。有效值用大写字母表示，例如电流、电压、电动势的有效值分别用 I、U、E 来表示。

正弦量有效值：

$$
\left.
\begin{aligned}
I &= \frac{I_m}{\sqrt{2}} = 0.707 I_m \\
U &= \frac{U_m}{\sqrt{2}} = 0.707 U_m \\
E &= \frac{E_m}{\sqrt{2}} = 0.707 E_m
\end{aligned}
\right\}
\tag{1-32}
$$

我们平常所说的交流电的数值，以及交流电流表、电压表测量到的数值，都是指交流电的有效值。若一台发电机的额定电压为 380V，就是指端电压的有效值为 380V，最大值应为 $\sqrt{2} \times 380 = 537(\text{V})$。

五、单相电路的计算

1. 纯电阻交流电路

(1) 电阻上电压、电流的向量关系。从图 1-55 可以看出，由于 U_R、I 初相位相同，故电压与电流两参数间没有相位差，即电流与电压相位同相。

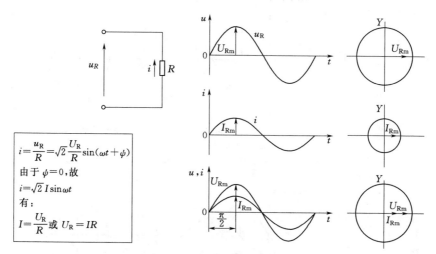

$$i = \frac{u_R}{R} = \sqrt{2}\,\frac{U_R}{R}\sin(\omega t + \psi)$$

由于 $\psi = 0$，故

$$i = \sqrt{2}\,I\sin\omega t$$

有：

$$I = \frac{U_R}{R} \ 或 \ U_R = IR$$

图 1-55　纯电阻电路电压、电流向量

（2）纯电阻电路功率。

1）瞬时功率。由于交流电路中的电阻电压、电流都是随时间变化的正弦量，根据功率的计算公式将它们的瞬时值相乘得到的功率称为瞬时功率，用小写字母 p 表示。

$$p = ui = \sqrt{2}\,U\sin(\omega t) \times \sqrt{2}\,I\sin(\omega t) = 2UI\sin^2(\omega t) = UI[1 - \cos 2(\omega t)] \geqslant 0 \quad (1-33)$$

由图 1-55 可看出，当电压、电流均为正值（即正半周）时，瞬时功率为两个正数的乘积大于零。当电压、电流均为负值（即负半周）时，瞬时功率为两个负数的乘积，功率仍为正数。所以瞬时功率恒为正值，表明电阻是耗能元件，在交流电路中始终从电源吸收电能，并将其转变为热能。

2）平均功率。瞬时功率无使用意义，通常所说的交流电路的功率是指平均功率（或称为有功功率），用大写字母 P 表示。

瞬时功率在一个周期内的平均值称为平均功率。式（1-33）中 $\cos(2\omega t)$ 的平均值为零，因此

$$P = UI = \frac{U^2}{R} = I^2 R \quad (1-34)$$

【例 1-9】 已知电炉丝的电阻为 50Ω，电源电压为 220V，求电炉丝的平均功率 P。

解：
$$P = UI = \frac{U^2}{R} = \frac{220^2}{50} = 968(\text{W})$$

2. 纯电感交流电路

（1）电感元件的电压和电流的关系。只含有电感元件的交流电路称为纯电感交流电路。实际线圈不但有电感，也有一定的电阻。当线圈的电阻可以略去不计时，这种线圈就可以认为是纯电感元件，将其接通电源后，就构成纯电感电路。

将电感 L 接在交流电路中，如果有正弦交流电流 i 通过，就会在线圈中产生变化的磁通。磁通的变化又将在线圈两端产生感应电动势，如果要维持这一正弦电流 i，必然要有一个正弦电压降 u_L 和感应电动势相平衡。现假设电感 L 上的电压、电流和电视的参考方

37

向如图 1-56 所示。

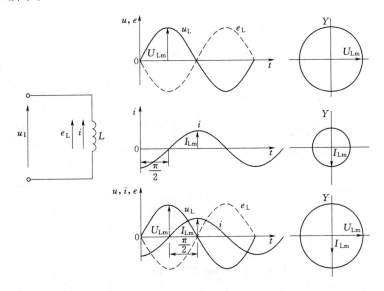

图 1-56 纯电感电路的电压、电流关系

根据电磁感应定律和电感元件上磁链与电流的关系，可以得到：

$$e_L = -\frac{\Delta \psi}{\Delta t} = -\frac{\Delta L_i}{\Delta t} = -L\frac{\Delta i}{\Delta t} \left. \right\}$$

$$u_L = e_L = L\frac{\Delta i}{\Delta t} \qquad\qquad (1-35)$$

如果在电感 L 上加正弦电压 u_L，线圈中的电流 i 也是同频率的正弦电流。由于电流 i 变化后产生磁通变化，产生感应电动势，此感应电动势要滞后电流 90° 相位角；而外加电压 u_L 与感应电动势 e_L 相抵消，因此两者相位相差 180°，这样，电感电压 u_L 比电流 i 超前 90°。如图 1-56 所示，有

$$i = \sqrt{2}I\sin(\omega t) \left. \right\}$$
$$u_L = \sqrt{2}U\sin(\omega t + 90°) \qquad (1-36)$$

（2）感抗 X_L。电感元件上的电压和电流有效值的比值称为感抗，用 X_L 表示：

$$X_L = \frac{U_L}{I} \qquad\qquad (1-37)$$

感抗用 X_L 反映了电感元件阻碍交流电流通过的能力。在某一电压下，感抗越大，电流则越小，和电阻的特性相似。因此，感抗的单位也是欧姆。

感抗的数值取决于线圈的电感 L 和电流的变化频率 f：

$$X_L = 2\pi fL = \omega L \qquad\qquad (1-38)$$

同一电感对不同频率的电流呈现不同的感抗。频率越高，感抗越大；反之，频率越小。由此可见，电感具有导通低频电流、阻碍高频电流的作用。对直流电则相当于短路。

（3）电感电压、电流的相量关系。如图 1-56 所示，电感上电压超前电感电流 90°。

（4）电感元件的功率。

电感元件的瞬时功率为

$$p_L = u_L i = \sqrt{2}U_L \sin(\omega t + 90°) \times \sqrt{2}I \sin(\omega t) = U_L I \times 2\cos(\omega t) \times \sin(2\omega t) = U_L I \sin(2\omega t)$$
$$(1-39)$$

由式（1-39）可知，p_L 是随时间按正弦规律变化的，显然电感的瞬时功率的平均值为零，即 $p_L = 0$。

式（1-39）表明，在一个周期中，电感元件瞬时功率的平均值为零。也就是说，纯电感并不消耗电能，电感元件不是耗能的元件。

瞬时功率以两倍频率按正弦规律变换，时正时负，表明电感元件与电源之间有能量的交换。当 $p_L > 0$，表明电感在吸收电能，并将它转换为磁场能储存在电路中。当 $p_L < 0$，则电感放出磁场能并变换为电能送还给电源。一般讲瞬时功率的最大值称为电感元件的无功功率，用 Q_L 表示为

$$Q_L = U_L I = I^2 X_L = \frac{U_L^2}{X_L}$$
$$(1-40)$$

无功功率的单位为乏（var）或千乏（kvar）。

3. 纯电容交流电路

（1）电容元件的电压和电流的关系。当电容上带有电荷就有电压。在稳定状态下，电容上的电荷量不再变化，电流为零，因此电容相当于开路，即直流电流不能通过电容。

一般的电容器两极板之间的绝缘电阻很高，几乎没有漏电流，因此可以认为是一个纯电容电路。

设加载电容上的正弦电压为

$$u_C = \sqrt{2}U_C \sin(\omega t) \tag{1-41}$$

根据电容器电压和电荷的关系，可以知道电容器极板上的电荷也按正弦规律在变化，即

$$q = Cu_C = \sqrt{2}Cu_C \sin(\omega t) \tag{1-42}$$

在交流电路中，当电容电压 u_C 增大时，极板上的电荷 q 也相应增多，表明电容器在这一段被充电。当电压 u_C 降低时，电荷 q 也在减少，表明电容器在放电。电容极板上电荷增多，表明电路中有电流流向电容，电荷在极板上储存起来；极板电荷减少时，则表明电路中有电流由电容上流出。尽管电容两极板之间是绝缘的，电荷并没有由一个极板经过介质流向另一极板，但是从电容以外的电路看，就有充电的电流流向电容，或放电电流流出电容。这就是纯电容电路中的电流，它也是一个正弦交流电流。

根据电流的概念和电容上电荷与电压的关系，可以得到

$$i = \frac{\Delta q}{\Delta t} = \frac{\Delta(Cu)}{\Delta t} = C\frac{\Delta u}{\Delta t} \tag{1-43}$$

可见电容电流与电压的变化率成正比，并与电容量的大小成正比。

由于电容上的正弦电压从零值开始的增长速率最大，即电荷增长最快，表明有恒定的电流流向电容；而电容电压达到最大数值时，就不再有电流向电容充电。这样的特性表明，电流的变化领先于电压，也就是说，电流的相位超前电压 90°。

$$i = \sqrt{2}I \sin(\omega t + 90°) \tag{1-44}$$

（2）容抗。电容元件上的电压和电流有效值的比值称为容抗，用 X_C 表示，即

$$X_C = \frac{U_C}{I} \qquad (1-45)$$

容抗 X_C 反映了电容元件阻碍交流电流通过的能力。在相同的电压下，容抗越大，则电路中的电流越小。容抗和电阻、感抗一样，单位也用欧姆（Ω）表示。

容抗的数值取决于电容量 C 和电流的频率 f，为

$$X_C = \frac{1}{2\pi f C} = \frac{1}{\omega C} \qquad (1-46)$$

显然，C 值越大，X_C 越小；f 越高，X_C 越小。

【例 1-10】 在日光灯的电源侧并联一个 $C = 3.75\mu F$ 的电容器以改善用电情况，电源电压为 220V。求电容的容抗 X_C 和该并联支路中的电流 I_C。

解：

$$X_C = \frac{1}{\omega C} = \frac{1}{2\pi f C} = \frac{1}{314 \times 3.75 \times 10^{-6}} = 849.3(\Omega)$$

$$I_C = \frac{U}{X_C} = \frac{220}{849.3} = 0.259(A)$$

（3）电容电压、电流的相量关系。从图 1-57 可看出，电容电流超前电容电压 90°相位角。

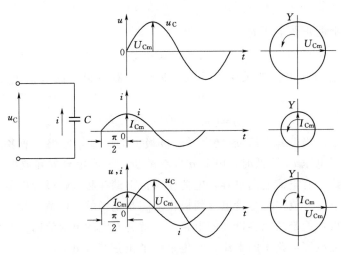

图 1-57 纯电容电路的电压、电流关系

（4）电容元件的功率。

电容元件的瞬时功率为

$$
\begin{aligned}
p_C &= u_C i = \sqrt{2}U_C \sin(\omega t) \times \sqrt{2}I\sin(\omega t + 90°) = U_C I \times 2\sin(\omega t)\cos(\omega t)\\
&= U_C I \sin 2(\omega t) \qquad (1-47)
\end{aligned}
$$

显然，电容元件的瞬时功率和电感元件的相同，也是按正弦规律变化的，波形如图 1-57 所示。它的平均值为零，即电容元件的功率 $P_C = 0$。

瞬时功率以两倍频率按正弦规律变换，时正时负，同样说明电容元件与电源之间有能量交换。当 $p_C > 0$，电能转换为电容元件中储存的电场能；当 $p_C < 0$，则电容中的电场能又变换为电能送还给电源。与 Q_L 相同，将电容元件瞬时功率的最大值称为电容元件的无功功率，用 Q_C 表示为

$$Q_C = U_C I = I^2 X_C = \frac{U_C^2}{X_C} \tag{1-48}$$

无功功率的单位为乏（var）或千乏（kvar）。

分析表明，如果将一个电感和一个电容并接在一个电源上，在任一时刻，如果 $p_L > 0$，则 $p_C < 0$；反之 $p_L < 0$，则 $p_C > 0$，两者符号正好相反。

4. 串联电路的阻抗

（1）RL 串联电路。大多数用电设备都同时具有电阻和电感。例如，日光灯的整流器线圈、各种交流接触器的电磁线圈等，它们可以看成由电阻和电感串联的电路，通常称为 RL 串联电路。

根据基尔霍夫电压定律，总电压 u 与电阻电压 u_R、电感电压 u_L 之间符合式（1-49）间关系：

$$u = u_R + u_L \tag{1-49}$$

在正弦交流电路中，这些元件上的电压、电流都是正弦量，它们之间的关系如图 1-58 所示。

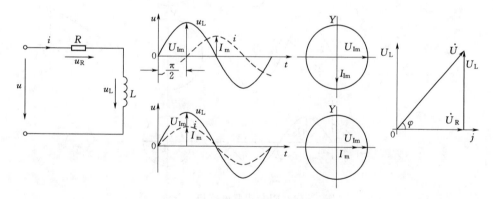

图 1-58 RL 串联电路相量分析

因 RL 串联回路中 R、L 的电流相同，故将电流作为基准绘制出电阻 R、电感 L 电压大小及方向。其中

$$U_R = IR$$

$$U_L = IX_L$$

$$\dot{U} = \dot{U}_R + \dot{U}_L$$

$$U = \sqrt{U_R^2 + U_L^2} = \sqrt{(IR)^2 + (IX_L)^2} = IZ$$

其中

$$Z = \sqrt{R^2 + X_L^2}$$

仿照欧姆定律形式，将上式改写成 $I = \dfrac{U}{Z}$。

【例 1-11】 已知 1.5t 工频炉上感应圈等效电阻 $R=0.0129\Omega$，电感 $L=201\text{mH}$，电源电压是 380V，频率为 50Hz，求通过感应圈的电流 I。

解： 工频炉的感应圈等效为一个 RL 串联电路。

阻抗：

$$R=0.0129\Omega,\ X_{\text{L}}=2\pi fL=2\times3.14\times50\times201\times10^{-6}=0.0632(\Omega)$$

$$Z=\sqrt{R^2+X_{\text{L}}^2}=\sqrt{0.0129^2+0.0632^2}=0.0645(\Omega)$$

电流：

$$I=\frac{U}{Z}=\frac{380}{0.0645}=5891(\text{A})$$

（2）RLC 串联电路。根据基尔霍夫电压定律，总电压 u 与电阻电压 u_{R}、电感电压 u_{L}、电容电压 u_{C} 之间符合下面关系：

$$u=u_{\text{R}}+u_{\text{L}}+u_{\text{C}} \tag{1-50}$$

在正弦交流电路中，这些元件上的电压、电流都是正弦量，它们之间的关系如图 1-59 所示。

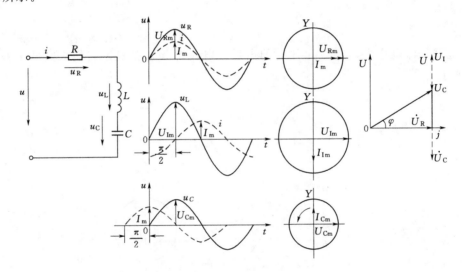

图 1-59 RLC 串联电路相量分析

因 RLC 串联回路中 R、L、C 的电流相同，故将电流作为基准绘制出电阻 R、电感 L、电容 C 电压大小及方向。其中

$$U_{\text{R}}=IR$$

$$U_{\text{L}}=IX_{\text{L}}$$

$$U_{\text{C}}=IX_{\text{C}}$$

$$\dot{U}=\dot{U}_{\text{R}}+\dot{U}_{\text{L}}+\dot{U}_{\text{C}}$$

$$U=\sqrt{U_{\text{R}}^2+U_{\text{X}}^2}=\sqrt{(IR)^2+\left[(IX_{\text{L}})-(IX_{\text{C}})\right]^2}=I\sqrt{R^2+(X_{\text{L}}-X_{\text{C}})^2}$$

$$U=IZ$$

其中

$$Z=\sqrt{R^2+(X_{\text{L}}-X_{\text{C}})^2}$$

仿照欧姆定律形式,将上式改写成 $I=\dfrac{U}{Z}$。

【例 1-12】　将电阻 $R=30\Omega$、电感 $L=0.8H$、电容 $C=250\mu F$ 串联后接到电源上,已知电源电压 $U=100V$,$\omega=100rad/s$,求电路中电流 I。

解:

感抗:
$$X_L=\omega L=100\times0.8=80(\Omega)$$

容抗:
$$X_C=\frac{1}{\omega C}=\frac{1}{100\times250\times10^{-6}}=40(\Omega)$$

电抗:
$$X=X_L-X_C=40\Omega(感性电路)$$

阻抗:
$$Z=\sqrt{R^2+X^2}=\sqrt{30^2+40^2}=50(\Omega)$$

电流值:
$$I=\frac{U}{Z}=\frac{100}{50}=2(A)$$

5. 交流电路的功率

(1) 有功功率。以 RLC 串联电路为例 (图 1-59),在电路中电阻 R 上有电流 i 通过时消耗的电功率为

$$P_R=I^2R=U_R I$$

电路中的电感、电容不消耗电功率,其瞬时功率的平均值为零。即

$$P_R=P_C=0$$

根据能量守恒和转换原理,可以知道整个电路的平均功率等于电路中各元件平均功率之和。平均功率也称为有功功率,用 P 表示,则有

$$P=P_R+P_L+P_C=I^2R=U_R I$$

根据图 4-9 可得:

$$U_R=U\cos\varphi$$
$$P=Ui\cos\varphi \tag{1-51}$$

式中　φ——功率因数角;

$\cos\varphi$——功率因数。

功率因数的大小是表示电源功率被利用的程度,在电力工程上,力求使它的值接近于 1。

(2) 无功功率。许多用电设备均是根据电磁感应原理工作的,如配电变压器、电动机等,它们都是依靠建立交变磁场才能进行能量的转换和传递。

为建立交变磁场和感应磁通而需要的电功率称为无功功率,因此,所谓的"无功"并不是"无用"的电功率,只不过它的功率并不转化为机械能、热能而已;因此在供用电系统中除了需要有功电源外,还需要无功电源,两者缺一不可。无功功率单位为乏(Var)。

在电力网的运行中,功率因数反映了电源输出的视在功率被有效利用的程度,我们希望的是功率因数越大越好。这样电路中的无功功率可以降到最小,视在功率将大部分用来供给有功功率,从而提高电能输送的功率。

在 RLC 串联电路中,电感 L 和电容 C 上无功功率为

$$Q_L=I^2X_L=U_L I$$

$$Q_C = I^2 X_C = U_C I$$

电路总无功功率为

$$Q = Q_L - Q_C = I^2 (X_L - X_C) = (U_L - U_C) I = I^2 X = U_X I$$

电路无功功率的一般公式为

$$Q = UI \sin\varphi \qquad (1-52)$$

（3）视在功率。在交流电路中，电压 U 和电流 I 的乘积虽然具有功的形式，但它既不能代表一般交流电路实际消耗的有功功率，也不代表交流电路的无功功率，我们把交流电路电压有效值和电流有效值的乘积称为视在功率，用字母 S 表示，即

$$S = UI \qquad (1-53)$$

视在功率的单位用伏安（VA）表示，大容量的电气设备的视在功率可用千伏安（kVA）和兆伏安（MVA）。

视在功率表示在额定的电压 U 和电流 I 下，电源可能提供的，或负载可能占用的最大功率。一般的交流电源设备，如交流发电机、变压器都表明可以安全运行的限额，即额定电压 U_N 和额定电流 I_N。这两个额定值的乘积称为额定视在功率（亦称额定视在容量），即

$$S_N = U_N I_N \qquad (1-54)$$

（4）功率三角形。交流电路中的有功功率、无功功率、视在功率之间有以下关系，图1-60为功率三角形。

$$P = UI \cos\varphi = S \cos\varphi$$

$$Q = UI \sin\varphi = S \sin\varphi$$

$$P^2 + Q^2 = S^2 (\cos^2\varphi + \sin^2\varphi) = S^2$$

即

$$S = \sqrt{P^2 + Q^2}$$

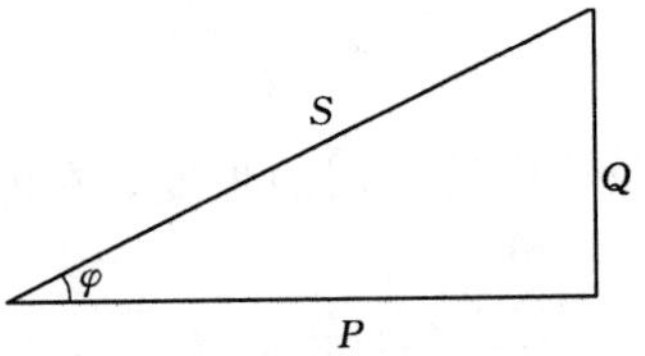

图1-60　功率三角形

6. 功率因数及提高

（1）一般交流电路的功率因数：

$$\cos\varphi = \frac{P}{S} = \frac{P}{\sqrt{P^2 + Q^2}} \qquad (1-55)$$

在交流电路中，各元件的有功功率可以直接相加，各元件的无功功率也可以直接加减，这样整个电路的总有功功率、总无功功率均可以求取，然后按式（1-55）进行计算整个电路的功率因数。

（2）功率因数的提高。功率因数越低，电源设备的容量就越不能得到充分的利用，输

电线路的功率损耗越大。

提高功率因数可充分发挥电源设备的利用效率、降低电网中的功率和电能的损耗，提高供电质量，对国民经济的发展有着非常重要的意义。

由于 $\cos\varphi = \dfrac{P}{S}$，$\cos\varphi$ 高有功功率的利用率就高，发电设备的容量就得以充分利用，或者说减小电源与负载间的无功互换规模。如电磁镇流式的日光灯，$\cos\varphi = 0.5$。若不提高线路的功率因数，单其与电源间的无功互换规模就达 50%。另外，此种无功互换虽不直接消耗电源能量，但在远距离的输电线路上必将产生功率损耗。即 $\Delta P = I^2 r = \left(\dfrac{P}{U\cos\varphi}\right)^2 r$，其中 r 可认为是线路及发电机绕组的内阻。提高 $\cos\varphi$ 可同时减小线损与发电机内耗。

提高功率因数的首要任务是减小电源与负载间的无功互换规模，而不改变原负载的工作状态。因此，感性负载需并联容性组件去补偿其无功功率；容性负载则需并联感性组件补偿。

六、三相交流电路

1. 三相交流电路的基本知识

（1）三相交流电源的形成。在单相交流发电机中按照相差 $120°$ 的角度再布置两组导线。旋转磁场按照相差 $120°$ 的角度切割相差 $120°$ 的三组导线，相当于三个单相发电机组合在一起。将三个绕组产生的感应电动势合在一起，便形成了三相交流电源，如图 1-61 所示。

$$\left.\begin{aligned} e_A &= E_m \sin wt \\ e_R &= E_m \sin(wt - 120°) \\ e_C &= E_m \sin(wt + 120°) \end{aligned}\right\} \qquad (1-56)$$

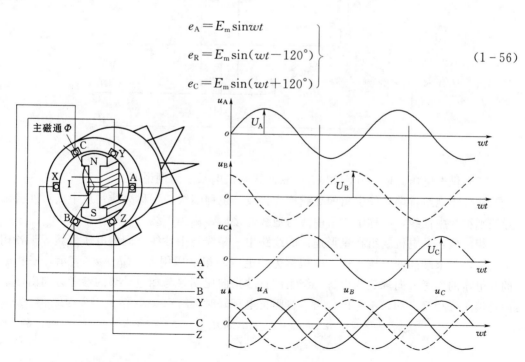

图 1-61 三相交流电的产生

由于三相交流电与单相交流电本质相同，其各相电动势的表达式见式（1-56）。

（2）三相交流电参数。三相交流电的参数同单相交流电。三相交流电的相量图如图1-62所示。

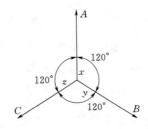

图1-62 三相交流电的相量图

2. 三相电源绕组连接

在实际应用的三相电力系统中，三相发电机的三相绕组要按照一定规律连接，通常有星形、三角形两种连接方法。通常发电机按照星形方式连接，如图1-63所示。

（1）三相电源绕组星形连接。在图1-63中，将发电机 A、B、C 三相绕组的末端连接在一起，合用 O 点来表示，O 点称为电源的中性点，简称中点。将三绕组的首端 A、B、C 和中点 O 用导线引出向负载供电，这种接线方式称为三相四线制供电。

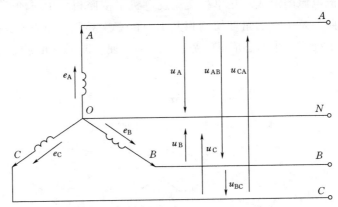

图1-63 三相交流电的输出

（2）供电电压。以 380V/220V 三相四线制供电系统为例说明。

从三相绕组首端对外引出的导线称为相线，也称端线，俗称火线；从中点对外引出的导线则称为中性线，简称中线，中线与地线连接后，称为零线。

相电压：发电机绕组在星形连接的线路中，相线与中性线之间的电压显然等于各相绕组的首端与末端间的电压，这一电压称为相电压。相电压用 u_A、u_B、u_C 表示，三相电路的相电压的参考方向规定为由每一绕组的首端指向尾端，与相电动势的参考方向由尾端指向首端正好相反。如果不考虑绕组本身阻抗电压降时，有

$$\left.\begin{aligned} u_A &= e_A = E_m \sin(\omega t) \\ u_B &= e_B = E_m \sin(\omega t - 120°) \\ u_C &= e_C = E_m \sin(\omega t + 120°) \end{aligned}\right\} \tag{1-57}$$

各相电压的有效值用 U_A、U_B、U_C 表示。式（1-57）可改写为

$$\left.\begin{array}{l} u_A = \sqrt{2}U_A = E_m\sin(\omega t) \\[2mm] u_B = \sqrt{2}U_B = E_m\sin(\omega t - 120°) \\[2mm] u_C = \sqrt{2}U_C = E_m\sin(\omega t + 120°) \end{array}\right\} \qquad (1-58)$$

线电压：任意两根相线之间的电压。根据基尔霍夫电压定律三个线电压可以表示为

$$\left.\begin{array}{l} u_{AB} = u_A - u_B \\[2mm] u_{BC} = u_B - u_C \\[2mm] u_{CA} = u_C - u_A \end{array}\right\} \qquad (1-59)$$

同样线电压的有效值为

$$\left.\begin{array}{l} U_{AB} = U_A - U_B \\[2mm] U_{BC} = U_B - U_C \\[2mm] U_{CA} = U_C - U_A \end{array}\right\} \qquad (1-60)$$

根据图 1-64 可知，线电压 $=\sqrt{3}\times$ 相电压，即

$$\left.\begin{array}{l} U_{AB} = \sqrt{3}U_A = \sqrt{3}U_B \\[2mm] U_{BC} = \sqrt{3}U_B = \sqrt{3}U_C \\[2mm] U_{CA} = \sqrt{3}U_C = \sqrt{3}U_A \end{array}\right\} \qquad (1-61)$$

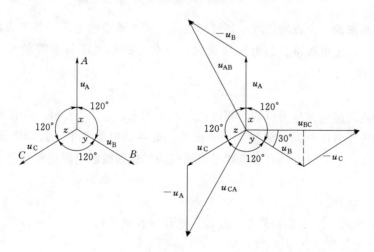

图 1-64　三相发电机星形绕组向量图

家庭民用电的电压为 380V/220V，即相电压 $U_A = U_B = U_C = 220V$，线电压 $U_{AB} = U_{BC} = U_{CA} = 380V$。

3. 三相负载的连接

（1）三相对称负载。在三相交流电路中，如果三相负载的电阻相等，电抗也相等，而且电抗的性质也相同，即 $R_A = R_B = R_C$，$X_A = X_B = X_C$，对应的阻抗也必然相等，即 $Z_A = Z_B = Z_C$，这种负载称为三相对称负载。

当三相电源对称时，三相负载也对称时称为对称三相电路，这时三相电路中各相的电流（电压）也都是对称的，也就是各相中的电流（电压）数值相等，相位相差120°。分析对称的三相交流电路可以先分析计算某一相的电路，可以按照单相交流电路的方法分析计算，其他两相的电流、电压可以根据对称的原理直接写出。

三相负载有两种连接方式，即星形连接和三角形连接。

（2）对称负载的星形连接（三相四线电路）。图 1-65 为对称负载星形连接（三相四线制）的电路，每相负载阻抗相同，为 Z。电源电压分别为 u_A、u_B、u_C，显然这时相线与中性线之间的相电压。

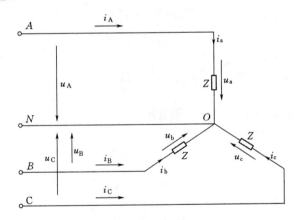

图 1-65 对称负载的星形连接（三相四线制）

对负载电路来说，负载的相电压是每相负载元件上承受的电压，参考方向如图 1-65 所示。如果不考虑送电线路上的电压损失时，负载上的相电压与电源的相电压 u_A、u_B、u_C 是相等的，即

$$u_a = u_A \quad u_b = u_B \quad u_c = u_C$$

每相负载流过的电流称为负载的相电流，图中用 i_a、i_b、i_c 表示。负载相电流的参考方向规定与相电压方向相同，如图 1-65 所示。电源供电线路中流过的电流则称为线电流，图中用 i_A、i_B、i_C 表示。对称负载星形连接的三相四线制电路中相电流等于线电流：

$$i_a = i_A \quad i_b = i_B \quad i_c = i_C$$

电路有如下规律：

1）负载相电压等于电路相线与中性线的电压（相电压）。

2）负载相电流等于线电流。

3）对称三相四线制，中性电流为零，中点电压 U_O 也为零。

对称三相电路电流计算，只需计算一相即可：

$$I_a = \frac{U_A}{Z} = I_{相}$$

中性线电流：

$$i_O = i_a + i_b + i_c$$

$$I_O = I_a + I_b + I_c$$

$$I_{线} = I_{相}$$

由于中性线电流为零，电源与负载之间电压也为零。如果将中线去除，并不影响电路的正常工作。

（3）对称负载的星形连接（三相三线电路）。当对称负载接线去掉中性线后，便成了三相三线制电路，如图1-66所示。

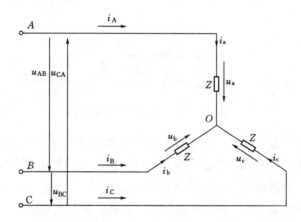

图1-66 对称负载的星形连接（三相三线制）

对称三相三线制星形连接的电路中：

$$u_a = \frac{u_{AB}}{\sqrt{3}}$$

$$U_a = \frac{U_{AB}}{\sqrt{3}}$$

$$i_a = i_A$$

每相负载上的电流则仍按单相交流电路来计算：

$$I_a = \frac{U_a}{Z} = \frac{U_{AB}}{\sqrt{3}Z}$$

（4）三相负载的三角形连接。负载三角形连接，各相负载接在两相之间，分别用Z_{ab}、Z_{bc}、Z_{ca}表示。各相负载所承受的电压称为相电压，此时等于线电压，即u_{ab}、u_{bc}、u_{ca}。当三相负载完全一样时，即$Z_{ab} = Z_{bc} = Z_{ca} = Z$，这样的负载称为三相对称负载。

负载的相电流是各相阻抗中流过的电流，取其参考方向如图1-67所示。各相电流的有效值表示为

$$I_{ab} = \frac{U_{ab}}{z_{ab}}, \quad I_{bc} = \frac{U_{bc}}{z_{bc}}, \quad I_{ca} = \frac{U_{ca}}{z_{ca}}$$

$$I_A = \sqrt{3} I_{ab}, \quad I_B = \sqrt{3} I_{bc}, \quad I_C = \sqrt{3} I_{ca}$$

$$I_{ab} = I_{bc} = I_{ab} = I_{相}$$

$$I_A = I_B = I_C = I_{线}$$

$$I_{线} = \sqrt{3} I_{相}$$

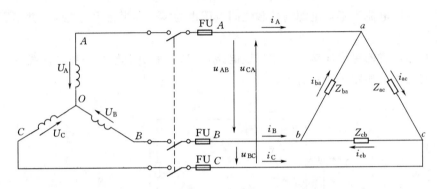

图 1-67　三相负载的三角形连接

　　三相负载采用何种连接方式，必须根据每相负载的额定电压与电源线电压的关系来决定，而与电源本身的连接方式无关。当各相负载的额定电压等于电源线电压时，负载就应该采用三角形连接；当负载额定电压等于电源线电压的 $1/\sqrt{3}$ 时，负载就应该采用星形连接。例如，当电源电压为 380V 时，若把应为三角形连接的电动机结成星形运行，就会因每相绕组承受的电压仅为额定值的 $1/\sqrt{3}$，即 220V，使电动机转矩大大下降，若电动机所拖动的负载转矩比较大，运行时间较长，则可能会烧毁电动机。反之，如把应为星形连接的白炽灯等负载误接为三角形，原仅能承受 220V 电压，现在上升到 $\sqrt{3}$ 倍额定电压，即 380V，使电流大大上升，导致灯泡、日光灯烧坏。

　　通过对三相负载星形连接、三角形连接两种接法的分析，我们知道，对于对称的三相负载，无论采用何种接法，都可以根据对称的原理，仅计算一相负载，按单相电路计算，然后按对称的规律，直接写出其他两项的电压和电流。

　　4. 三相电路的功率

　　三相电路的有功和无功功率是各相电路有功和无功功率之和，即三相电路的总有功功率为

$$P = P_A + P_B + P_C$$

　　总无功功率为

$$Q = Q_A + Q_B + Q_C$$

　　总视在功率由功率三角形得

$$S = \sqrt{P^2 + Q^2}$$

总视在功率一般不等于各相的视在功率之和。

不论是负载星形连接还是三角形连接，其功率关系为

$$P=\sqrt{3}U_{线}I_{线}\cos\varphi$$

$$Q=\sqrt{3}U_{线}I_{线}\sin\varphi$$

$$S=\sqrt{3}U_{线}I_{线}$$

功率因数为

$$\cos\varphi=\frac{P}{S}$$

【例1-13】　对称三相工频电路中，已知其各相电阻 $R=6\Omega$，每相电抗 $X=8\Omega$（电感性负载），线电压 $U=380V$，计算负载星形和三角形连接时的三相总有功功率 P、总无功功率 Q、总视在功率 S、功率因数 $\cos\varphi$。

解：（1）负载星形连接：

$$Z=\sqrt{R^2+X^2}=\sqrt{6^2+8^2}=10(\Omega)$$

$$\varphi=\arctan\frac{X}{R}=\arctan\frac{8}{6}=53.1(°)$$

$$I_{线}=I_{相}=\frac{U_{相}}{Z}=\frac{U_{线}}{\sqrt{3}Z}=\frac{380}{1.73\times10}=22(A)$$

$$P=\sqrt{3}U_{线}I_{线}\cos\varphi=1.73\times380\times22\times\cos53.1=8678(W)$$

$$Q=\sqrt{3}U_{线}I_{线}\sin\varphi=1.73\times380\times22\times\sin53.1=11570(var)$$

$$S=\sqrt{3}U_{线}I_{线}=1.73\times380\times22=14463(VA)$$

$$\cos\varphi=\frac{P}{S}=\frac{8678}{14463}=0.6 \quad 或 \quad \cos\varphi=\cos53.1=0.6$$

（2）负载为三角形连接：

$$Z=\sqrt{R^2+X^2}=\sqrt{6^2+8^2}=10(\Omega)$$

$$\varphi=\arctan\frac{X}{R}=\arctan\frac{8}{6}=53.1(°)$$

$$I_{线}=\sqrt{3}I_{相}=\sqrt{3}\frac{U_{线}}{Z}=\sqrt{3}\times\frac{380}{10}=66(A)$$

$$P=\sqrt{3}U_{线}I_{线}\cos\varphi=1.73\times380\times66\times\cos53.1=26033(W)$$

$$Q=\sqrt{3}U_{线}I_{线}\sin\varphi=1.73\times380\times66\times\sin53.1=34711(var)$$

$$S=\sqrt{3}U_{线}I_{线}=1.73\times380\times66=43388(VA)$$

$$\cos\varphi=\frac{P}{S}=\frac{26033}{43388}=0.6 \quad 或 \quad \cos\varphi=\cos53.1=0.6$$

由例［1-13］看出，每相负载确定之后，三相交流电路的功率因数则已经确定。当对称三相电源的线电压不变时，对称三相负载作三角形连接时，有功功率 P、无功功率 Q、视在功率 S 均为同一负载阻抗做星形连接时的 3 倍，三相电路的总功率因数和每一相电路的功率因数相等。

5. 三相电路功率因数的提高

三相交流电路的功率因数仍由各相阻抗中电阻 R、电抗 X 的相对大小关系来确定。在工厂实际使用中，绝大部分的三相用电设备都相当于感性负载，如三相异步电动机、变压器、电焊机等。这样，负载消耗有功的同时，还要消耗无功功率，电流滞后于电压，功率因数滞后，且数值较低。与单相交流电路必须提高功率因数的道理一样，三相交流电路同样必须采取措施提高功率因数。

三相交流电路改善功率因数的主要措施是采用三相电容器组并联在三相电路上，如图 1-68 所示。并联电容接在电路上产生无功功率 Q_C。原来三相用电负载的有功功率、无功功率和功率因数为 P_1、Q_1、$\cos\varphi_1$，并接电容器后，电源供给的有功功率、无功功率为 P_2、Q_2，此时电路的功率因数为 $\cos\varphi_2$。显然：

$$P_2 = P_1 = P$$
$$Q_2 = Q_1 - Q_C = P\tan\varphi_2$$
$$Q_1 = P\tan\varphi_1$$

补偿用的三相无功功率 Q_C 的计算为

$$Q_C = P(\tan\varphi_1 - \tan\varphi_2)$$

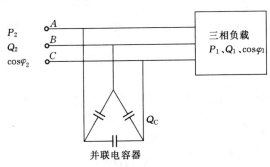

图 1-68　三相电路的功率因数的提高

【例 1-14】 一台额定功率为 100kW 的三相异步电动机，接在线电压为 380V 的工频电源上。已知电动机额定功率因数为 0.8，效率为 0.89，试计算电动机的电流、无功功率。若要将电路功率因数提高到 0.95，应选用多大容量的并联电容器组？

解： 电动机的额定功率 P_2 等于 100kW，是指电动机输出的机械功率，它从电路中汲取的电功率 P_1 减去电动机本身的损耗后才是输出功率 P_2，两者的比称为效率 $\eta = P_2/P_1$。因而有

$$P_1 = \frac{P_2}{\eta} = \frac{100}{0.89} = 112.4(\text{kW})$$

由

$$P_1 = \sqrt{3}U_{\text{线}}I_{\text{线}}\cos\varphi$$

电动机 $\qquad I_{线}=\dfrac{P_1}{\sqrt{3}U_{线}\cos\varphi}=\dfrac{112.4\times103}{1.73\times380\times0.8}=213.7(\text{A})$

$$Q_1=\sqrt{3}U_{线}I_{线}\sin\varphi=1.73\times380\times213.7\times\sqrt{1-0.8^2}=84292(\text{var})=84.29(\text{kvar})$$

$$\varphi_2=\text{arccos}0.95=18.2(°)$$

并联电容的无功功率为

$$Q_C=P(\tan\varphi_1-\tan\varphi_2)=Q_1-P_1\tan\varphi_2=84.29-112.4\times\tan18.2(°)=47.3(\text{kvar})$$

因此可选用 BW0.4-12-3 型（图1-69），容量为 12kvar 的三相并联容器 4 台，并连接在三相电路上。

图1-69　BW0.4-12-3 电力电容器

第二章

电 子 技 术 基 础

第一节　常用半导体器件

一、半导体知识

我们知道铜线导电，铜线外面包着的一层塑料皮不导电。铜线是导体，塑料皮是绝缘体。介于导体与绝缘体之间的叫半导体。

导体材料有银、铜、铝、铁等；绝缘材料有橡胶、塑料、陶瓷等；半导体材料有硅、锗、硒等。

1. 本征半导体

导电能力介于导体和绝缘体之间的称为半导体。纯净的半导体被称为本征半导体材料。譬如硅（或锗）单晶，其导电性能很差，近于绝缘体。

2. 掺杂半导体

如果在本征半导体中掺入少量的其他材料（一般称为杂质），这种材料的导电性能就会发生显著的变化。根据所掺杂质的不同，半导体的导电性质也就有所不同。这种半导体称为掺杂半导体。

N 型半导体：在硅半导体中掺入少量的磷等杂质，就会多出许多电子来导电。这是因为：硅原子的最外层有四个电子，而磷原子的最外层有五个电子，除其中四个电子与硅原子相联系外，尚多出一个可以自由移动的电子，这样就增大了硅半导体的导电能力。在这种情况下，因为导电是电子移动的结果，所以把掺有磷等杂质的半导体叫电子型半导体或 N 型半导体。

N 型半导体中的自由电子数目大量增加，自由电子成为多数载流子，空穴则成为少数载流子。

P 型半导体：如果在硅半导体中掺入少量的硼等杂质，由于这些原子最外层只有三个电子，与硅原子相比最外层少了一个电子，就留有一个空位等待电子来补充。当其他原子中的电子来补充这个空位时，在这个电子自己原来所在的位置上，又留下了一个空位，这样就好像空位在移动了。通常把这样等待电子来填充的空位称为空穴。空穴移动同样形成电流。利用空穴的移动实现导电的半导体称为空穴半导体或 P 型半导体。

P 型是半导体中的空穴数目大量增加，空穴成为多数载流子，而自由电子则成为少数载流子。

3. PN 结形成及 PN 结单向导电性

（1）PN 结形成。P 型半导体与 N 型半导体结合在一起，在它们的交界面上就形成一个所谓的 PN 结的结构，如图 2-1 所示。PN 结是晶体管的基本组成部分，晶体管的许许多多奇妙的作用也正是发生在这一薄薄的 PN 结中。

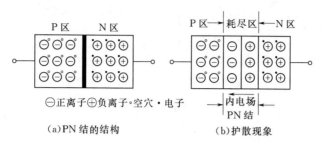

图 2-1 PN 结

P 型半导体中有大量的空穴，N 型半导体中则有大量的自由电子。当把 P、N 半导体结合在一起时，也同样会产生这种扩散现象：在交界面处，两边的空穴与自由电子会带着各自的电荷在这里交换。结面两侧的半导体形式不同，P 区空穴载流子较多，而 N 区电子载流子较多。由于两种载流子的浓度分布不均匀，当两块半导体结合后，P 区的空穴要向 N 区扩散，而 N 区的电子则要向 P 区扩散，于是形成了电子和空穴的扩散运动。这就向一滴墨水滴入水中，墨水从浓度大的地方向浓度小的地方跑。N 区中的电子扩散到 P 区以后，在 N 区中留下了带正电的离子；P 区中的空穴扩散到 N 区后，在 P 区留下了带负电的离子。

这里所说的离子，就是失去了电子的原子（称正离子），或者获得了电子使自己的总电子数超出了正常数值的原子（称负离子）。由于扩散的结果，在 PN 结处形成了一个"耗尽区"（也称阻挡层）。在这个区域内，电子和空穴产生"符合"现象，基本上没有载流子了。这个区域的左边带负电，右边带正电，形成一个"内电场"，它的方向既阻挡右侧的电子向左侧运动，也阻挡左侧的空穴向右侧移动。可见，PN 结是扩散力与内电场力平衡的结果。

（2）PN 结的单向导电性。在 PN 结上加正向电压，即 P 区接电源正极，N 区接电源的负极，这种接法成为正向偏置。电源正极对 N 区中的电子有吸引作用，对 P 区的空穴有排斥作用；或者说，电源的负极对 P 区中的空穴有吸引作用，对 N 区中的电子有排斥作用。这样 PN 结两侧的多数载流子就越过 PN 结而形成电流。这个电流由电源正极流出，经过 PN 结返回负极，其方向与空穴流动的方向一致，称为正向电流。正向电流可以理解为是由于电源 E 所形成的外电场抵消了 PN 结内电场的阻挡作用而得到的。

如果 P 侧接电源 E 的负端，N 侧接电源 E 的正端，则电源负极排斥 N 区中的电子流向 P 区，电源正极排斥 P 区中的空穴流向 N 区。这个现象也可理解为电源 E 所形成的外电场加强了 PN 结的内电场，从而增强了对多数载流子流动的阻挡作用。但是，对少数载流子，即 P 区中的极少量的电子和 N 区中极少量的空穴可以越过 PN 结而形成很小的电流。这个电流称为反向电流。

一般称图 2-2（a）为正向接法，或者正向偏置。图 2-2（b）为反向接法，或者反向偏置。正偏置时，PN 结导电，电流由 P 区流向 N 区；反偏置时，PN 结基本上不导电，即电流不能由 N 区流向 P 区。

PN 结的"单向导电性"，是它的重要特性，也是许多半导体器件的理论依据。

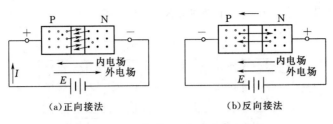

（a）正向接法　　　　　　　　（b）反向接法

图 2-2　PN 结的正向接法和反向接法

二、二极管

二极管的种类很多，各种二极管因结构和用途不同，其外形结构亦有所不同。图 2-3 为部分常见二极管。

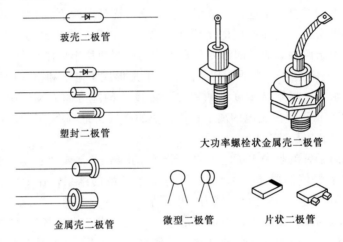

玻壳二极管

塑封二极管

大功率螺栓状金属壳二极管

金属壳二极管　　　微型二极管　　　片状二极管

图 2-3　部分二极管外部特征

1. 二极管构造

按制作工艺的不同分为面接触型二极管和点接触型二极管，如图 2-4 所示。

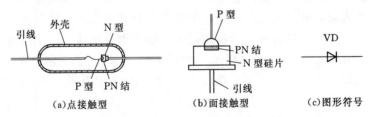

（a）点接触型　　　　　　（b）面接触型　　　　　（c）图形符号

图 2-4　二极管结构

（1）二极管种类。表 2-1 为二极管种类及特点。

表 2-1　　　　　　　　　　　　二极管种类及特点

划分方法及种类		特　　点
按材料划分	硅二极管	硅材料二极管，常用的二极管
	锗二极管	锗材料二极管，使用量明显少于硅二极管

续表

划分方法及种类		特　点
按功能划分	普通二极管	常见的二极管
	整流二极管	专门用于整流的二极管
	发光二极管	专门用于指示信号的二极管，能发出可见光；此外还有红外发光二极管，能发出不可见光
	稳压二极管	专门用于直流稳压的二极管
	光敏二极管	对光有敏感作用的二极管
	变容二极管	这种二极管的结电容比较大，并可在较大范围内变化
	开关二极管	专用于电子开关电路中
	瞬变电压抑制二极管	用于对电路进行快速过压保护，分双极性和单极性两种
	恒流二极管	它能在很宽的电压范围内输出恒定的电流，并具有很高的动态阻抗
	双基极二极管	它是两个基极一个发射极的三端负阻器件，用于张弛振荡等电路
	其他二极管	还有许多特性不同的二极管

（2）二极管的用途。表2-2为各种二极管的主要用途。

表 2-2　　　　　　　　　　　二 极 管 主 要 用 途

名　称	说　明
检波二极管	以工作电流的大小作为界限，通常把输出电流小于100mA的二极管称为检波二极管。 锗材料点接触型检波二极管，工作频率可达400MHz，正向压降小，结电容小，检波效率高，频率特性好，如2AP型二极管。这种二极管除用于检波外，还能够用于限幅、削波、调幅、混频、开关等电路
整流二极管	通常将工作电流大于100mA的二极管称为整流二极管。面结型二极管，工作频率低，最高反向电压从25～3000V分A～X挡。分类如下：硅半导体整流二极管，如2CZ型；硅桥式整流器
开关二极管	有小电流下（10mA）使用的逻辑运算和在数百毫安下使用的磁芯激励用开关二极管。 开关二极管的特长是开关速度快，而肖特基二极管的开关时间特别短，因而是理想的开关二极管。 2AK点接触型二极管为中速开关电路用，2CK型平面接触型二极管为高速开关电路用，用于开关限幅、钳位或检波等电路
稳压二极管	它为硅扩散型或合金型二极管，是反向击穿特性曲线急骤变化的二极管，动态电阻 R_z 很小。 稳压二极管工作时的端电压（又称齐纳电压）为3～150V。从功率方面，也有200mW～100W的产品。主要有2CW型。将两个互补二极管反向串接以减少温度系数则为2DW型
发光二极管	它是能够发光的二极管，体积小，正向驱动发光，工作电压低，工作电流小，发光均匀，寿命长
其他用途二极管	如磁敏二极管、开关二极管、压敏二极管、阻尼二极管、湿敏二极管、变容二极管、双基极二极管、肖特基二极管、隧道二极管、恒流二极管、快恢复二极管、双向触发二极管、激光二极管等

（3）普通二极管电路图形符号如图 2-5 所示。

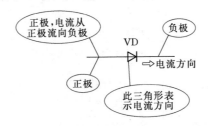

图 2-5　普通二极管电路图形符号

2. 二极管命名

国产二极管型号命名（第二部分中的 D 表示硅 P 型）如下：

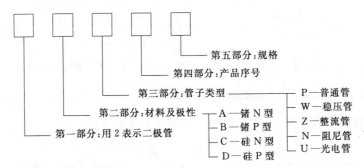

例：2CW、2AP9。

各个国家在电子元器件命名上有不同。如 1N4007 的含义如下：1N 是日本电子元件命名法：1 代表有一个 PN 节为二极管。2 代表有两个 PN 节为三极管。1N4000 系列为硅整流二极管，相关参数见表 2-3。

表 2-3　　　　　　　　　　　　常 用 二 极 管 参 数

型号	1N4001	1N4002	1N4003	1N4004	1N4005	1N4006	1N4007
电流 A	1	1	1	1	1	1	1
耐压值 V	50	100	200	400	600	800	1000

3. 二极管工作状态及主要特性

（1）二极管共有两种工作状态：截止和导通。二极管截止和导通需要一定的工作条件。

只要正向电压达到一定的值，二极管便导通，导通后二极管相当于一个导体，二极管的两根引脚之间的电阻很小，相当于接通，如图 2-6 所示。

二极管导通后，所在回路存在电流，这一电流流动方向从二极管正极流向负极，电流不能从负极流向正极，否则二极管已经损坏。

给二极管加上反向偏置电压后，二极管处于截止状态，二极管两根引脚之间的电阻很大，相当于开路，其等效电路如图 2-7 所示。

只要是反向偏置电压，二极管中就没有电流流动，如果加的反向偏置电压太大，二极管会被击穿，电流将从负极流向正极，这时二极管已经损坏。

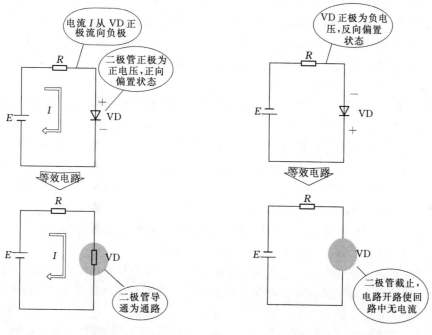

图 2-6　二极管正向导通　　　　图 2-7　二极管反向截止

（2）二极管的主要特性。二极管的特性有许多，利用这些特性可以构成各种具体的应用电路，分析不同电路中的二极管工作原理时，要用到二极管的不同特性，选择二极管的什么特性去分析电路是最大困难之一。只有掌握了二极管的各种特性，才能从容分析二极管电路的工作原理。

4. 二极管伏安特性

二极管两端电压和流过二极管的电流之间的关系。二极管最重要的特性就是单方向导电性。在电路中，电流只能从二极管的正极流入，负极流出。二极管的伏安特性如图 2-8 所示。

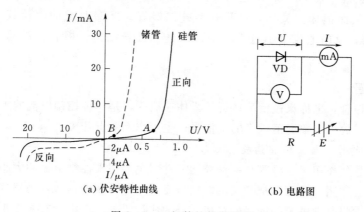

图 2-8　二极管的伏安特性

（1）正向特性。在电子电路中，将二极管的正极接在高电位端，负极接在低电位端，二极管就会导通，这种连接方式，称为正向偏置。必须说明，当加在二极管两端的正向电压很小时，二极管仍然不能导通，流过二极管的正向电流十分微弱。只有当正向电压达到某一数值（这一数值称为"门槛电压"，锗管约为 0.2V，硅管约为 0.6V）以后，二极管才能真正导通。导通后二极管两端的电压基本上保持不变（锗管约为 0.3V，硅管约为 0.7V），称为二极管的"正向压降"。

（2）反向特性。在电子电路中，二极管的正极接在低电位端，负极接在高电位端，此时二极管中几乎没有电流流过，此时二极管处于截止状态，这种连接方式，称为反向偏置。二极管处于反向偏置时，仍然会有微弱的反向电流流过二极管，称为漏电流。当二极管两端的反向电压增大到某一数值，反向电流会急剧增大，二极管将失去单方向导电特性，这种状态称为二极管的击穿。

5. 二极管的主要参数

用来表示二极管的性能好坏和适用范围的技术指标，称为二极管的参数。不同类型的二极管有不同的特性参数。必须了解以下几个主要参数：

（1）额定正向工作电流。额定正向工作电流是指二极管长期连续工作时允许通过的最大正向电流值。因为电流通过管子时会使管芯发热，温度上升，温度超过容许限度（硅管为 140℃左右，锗管为 90℃左右）时，就会使管芯过热而损坏。所以，二极管使用中不要超过二极管额定正向工作电流值。例如，常用的 IN4001－4007 型锗二极管的额定正向工作电流为 1A。

（2）最高反向工作电压。加在二极管两端的反向电压高到一定值时，会将管子击穿，失去单向导电能力。为了保证使用安全，规定了最高反向工作电压值。例如，IN4001 二极管反向耐压为 50V，IN4007 反向耐压为 1000V。

（3）反向电流。反向电流是指二极管在规定的温度和最高反向电压作用下，流过二极管的反向电流。反向电流越小，管子的单方向导电性能越好。值得注意的是反向电流与温度有着密切的关系，大约温度每升高 10℃，反向电流增大一倍。例如 2AP1 型锗二极管，在 25℃时反向电流若为 250μA，温度升高到 35℃，反向电流将上升到 500μA，依此类推，在 75℃时，它的反向电流已达 8mA，不仅失去了单方向导电特性，还会使管子过热而损坏。又如，2CP10 型硅二极管，25℃时反向电流仅为 5μA，温度升高到 75℃时，反向电流也不过 160μA。故硅二极管比锗二极管在高温下具有较好的稳定性。

三、三极管

半导体三极管，也称双极型晶体管、晶体三极管，是一种控制电流的半导体器件其作用是把微弱信号放大成幅度值较大的电信号，也用作无触点开关。

1. 三极管的作用与三极管构成

（1）三极管的作用。三极管是一种控制元件，主要用来控制电流的大小。三极管最基本的作用是放大作用，它可以把微弱的电信号变成一定强度的信号，当然这种转换仍然遵循能量守恒，它只是把电源的能量转换成信号的能量罢了。三极管有一个重要参数就是电流放大系数 β。当三极管的基极上加一个微小的电流时，在集电极上可以得到一个是注入

电流 β 倍的电流，即集电极电流。集电极电流随基极电流的变化而变化，并且基极电流很小的变化可以引起集电极电流很大的变化，这就是三极管的放大作用。

（2）三极管的构成及图形符号。三极管是由形成两个 PN 结的三块半导体组成的，其组成型式有两种：NPN 型［图 2-9（a）］和 PNP 型［图 2-9（b）］。每种形式均有两个 PN 结（集电结、发射结）。

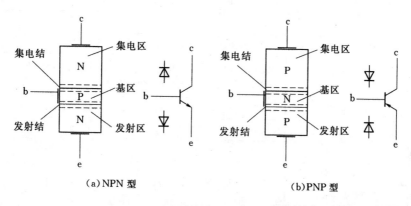

（a）NPN 型　　　　　　　　　　（b）PNP 型

图 2-9　三极管的形式和电路图符号

目前，我国生产的锗三极管多为 PNP 型，硅三极管多为 NPN 型，但也有少量 PNP 型的硅三极管和 NPN 型的锗三极管。它们的结构原理是相同的。

三极管有三个电极，如图 2-9 所示，其中：b——基极（base）；c——集电极（collector）；e——发射极（emitter）。

PNP 型三极管和 NPN 型三极管在图形符号上的区别是，前者发射极箭头向里，后者发射极箭头向外（图 2-10）。箭头的方向代表电流的正方向。

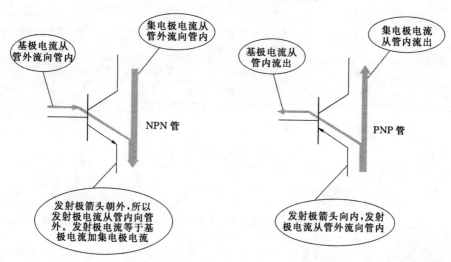

图 2-10　符号区别

三极管的中间一层半导体称为基区，与两侧的发射区和集电区相比薄得多。发射区和基区之间的 PN 结称为发射结，集电区和基区之间的 PN 结称为收集结（集电结）。

由于硅三极管的温度特性较好，应用较多，所以我们经常以 NPN 型硅三极管为例进行分析。

2. 三极管种类及命名

（1）三极管分类及特点见表 2-4。

表 2-4　　　　　　　　　　　　三 极 管 分 类 及 特 点

分　类		特　点
按极性划分	NPN 型三极管	目前常用的三极管，电流从集电极流向发射极
	PNP 型三极管	电流从发射极流向集电极。它通过电路图形符号与 NPN 型三极管区别，两者的不同之处是发射极的箭头方向不同
按材料划分	硅三极管	简称为硅管，目前常用的三极管，工作稳定性好
	锗三极管	简称为锗管，反向电流大，受温度影响较大
按极性和材料组合划分	PNP 型硅管	最常用的是 NPN 型硅管
	NPN 型硅管	
	PNP 型锗管	
	NPN 型锗管	
按工作频率划分	低频三极管	工作频率比较低，用于直流放大器、音频放大器电路
	高频三极管	工作频率比较高，用于高频放大器电路
按功率划分	小功率三极管	输出功率很小，用于前级放大器电路
	中功率三极管	输出功率较大，用于功率放大器输出级或末级电路
	大功率三极管	输出功率很大，用于功率放大器输出级
按封装材料划分	塑料封装三极管	小功率三极管采用这种封装
	金属封装三极管	一部分大功率三极管和高频三极管采用这种封装
按安装形式划分	普通方式三极管	大量的三极管采用这种形式，3 根引脚通过电路板上的引脚空伸到背面铜箔电路上，用焊锡焊接
	贴片三极管	三极管引脚非常短，三极管直接装在电路板铜箔电路一面，用焊锡焊接
按用途划分	放大管、开关管、振荡管等	用来构成各种功能电路

（2）三极管外形特征见表 2-5。

表 2-5　　　　　　　　　　　　三 极 管 外 观 及 特 点

实物照片	说　明
	大功率三极管是指它的输出功率比较大，用来对信号进行功率放大。通常情况下，三极管输出功率越大，其体积越大。 　　这是金属封装大功率三极管，体积较大，结构为帽子形状，帽子顶部用来安装散热片，其金属的外壳本身是一个散热部件，2 个孔用来固定三极管。 　　这种金属封装的三极管只有基极和发射极 2 根引脚，集电极就是三极管的金属外壳

实物照片	说　明
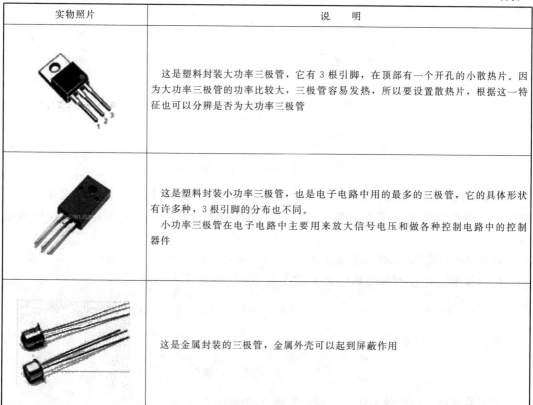	这是塑料封装大功率三极管，它有 3 根引脚，在顶部有一个开孔的小散热片。因为大功率三极管的功率比较大，三极管容易发热，所以要设置散热片，根据这一特征也可以分辨是否为大功率三极管
	这是塑料封装小功率三极管，也是电子电路中用的最多的三极管，它的具体形状有许多种，3 根引脚的分布也不同。 小功率三极管在电子电路中主要用来放大信号电压和做各种控制电路中的控制器件
	这是金属封装的三极管，金属外壳可以起到屏蔽作用

（3）三极管命名。国产三极管型号命名（第二部分中的 D 表示硅 PNP 型）如下：

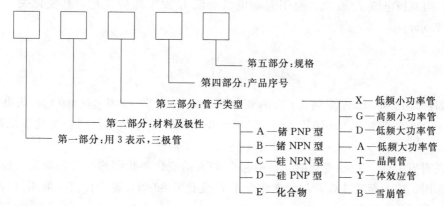

第五部分：规格

第四部分：产品序号

第三部分：管子类型

第二部分：材料及极性

第一部分：用 3 表示，三极管

A —锗 PNP 型
B —锗 NPN 型
C —硅 NPN 型
D —硅 PNP 型
E —化合物

X— 低频小功率管
G— 高频小功率管
D— 低频大功率管
A— 低频大功率管
T— 晶闸管
Y— 体效应管
B— 雪崩管

例：国际流行的 9011～9018 系列高频小功率管，除 9012 和 9015 为 PNP 管外，其余均为 NPN 型管。

3. 三极管的电流放大作用分析

图 2-11 是一个三极管放大电路，各极的接法满足三极管放大电路的接法。

三极管为 NPN 型。给发射结加上正向电压，电源为 E_b，其正端通过电阻 R 和 R_b 接三极管基极。

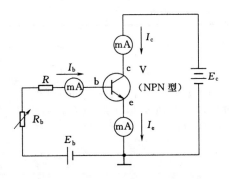

图 2-11 三极管电流分配实验电路

基极回路串接一只毫安表，用以测量基极电流 I_b，集电极回路串接一只毫安表，用以测量集电极电流 I_c。在发射极与"地"之间再串接一只毫安表，用以测量发射极电流 I_e。

调节基极电阻 R_b 以改变基极电流 I_b，则可相应改变 I_c 和 I_e 的数值，三者的关系：

（1）基极电流 I_b 与集电极电流 I_c 之和等于发射极电流 I_e，即

$$I_e = I_c + I_b$$

例如，$I_c = 1.09\text{mA}$，$I_b = 0.01\text{mA}$ 时，

$$I_e = 1.09 + 0.01 = 1.1(\text{mA})$$

可见：流进三极管的电流等于流出三极管的电流。

此外，基极电流很小，而集电极电流与发射极电流接近相等，即 $I_e \approx I_c$。

（2）当基极电流 I_b 变化，会引起集电极电流 I_c 发生相应变化，其变化关系可用式（2-1）表示：

$$\beta = \frac{\Delta I_c}{\Delta I_b} \tag{2-1}$$

例如：I_b 由 0.01mA 变到 0.02mA 时 [$\Delta I_b = 0.02 - 0.01 = 0.01(\text{mA})$]，集电极电流 I_c 则由 1.09mA 变到 1.98mA [$\Delta I_c = 1.98 - 1.09 = 0.89(\text{mA})$]。两个变化量之比 $\Delta I_c / \Delta I_b = 0.89/0.01 = 89$。

这说明当 I_b 有一微小变化时，能引起 I_c 较大的变化，我们称这种现象为三极管的电流放大作用。按上面的计算，I_c 的变化等于 I_b 变化的 89 倍，这个比值一般用符号 β 来表示，称为电流放大系数。

β 值的大小，除与三极管的材料、结构有关以外，还与三极管的工作电流有关。例如 I_b 由 0.02mA 变到 0.03mA 时，I_c 由 1.98mA 变到 3.07mA，则

$$\beta = \frac{\Delta I_c}{\Delta I_b} = \frac{3.07 - 1.98}{0.03 - 0.02} = 109$$

比上面的计算值 89 大一些。

电流放大作用是三极管的重要特性，而 β 值的大小则表示电流放大能力的强弱，所以 β 是三极管的重要参数。

4. 三极管特性与主要参数

三极管特性曲线是用来表示三极管各个电极的电压和电流之间的规律的，或者说它是三极管内部特性的外部表现。了解三极管的特性曲线，对于应用三极管很重要。三极管的特性曲线主要有输入特性曲线和输出特性曲线两种。

图 2-12 为三极管特性测试电路。图中 R_b 用于调节基极电流 I_b，为了避免当 R_b 调到零时，I_b 过大，所以串接了一个 $10k\Omega$ 固定电阻来限制 I_b。

（1）输入特性。输入特性是指基极电流 I_b 和发射结电压 U_{be} 之间的关系。

测试时，先使 U_{ce} 固定，例如先使 $U_{ce}=0$，即不加 E_c，把 c、e 短接的情况，如图 2-13（a）所示。它可等效为图 2-13（b）所示电路，即相当于在 b、e 之间并联两个正向接法的二极管。

调节 R_b，测量 I_b 和 U_{be}，可以得到下列一组数据（$U_{ce}=0$），见表 2-6。

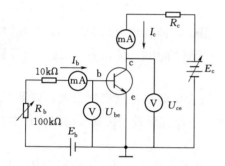

图 2-12 三极管特性测试电路

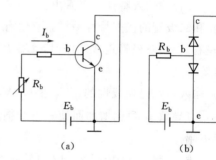

图 2-13 $U_{ce}=0$ 时的等效电路

表 2-6　　$U_{ce}=0$ 时基极电流 I_b 和发射结电压 U_{be} 之间的关系表

U_{be}/V	0~0.24	0.37	0.47	0.53	0.56	0.59	0.6
$I_b/\mu A$	0	5	10	20	30	40	50

改变 U_{ce}，使 $U_{ce}=2V$ 时有可得到另外一组数据，见表 2-7。

表 2-7　　$U_{ce}=2$ 时基极电流 I_b 和发射结电压 U_{be} 之间的关系表

U_{be}/V	0	0.54	0.60	0.67	0.7	0.72	0.74
$I_b/\mu A$	0	5	10	20	30	40	50

根据表 2-6 绘制曲线图 2-14（a），根据表 2-7 绘制曲线图 2-14（b）。图 2-14（c）为两曲线合并在一个坐标系中情况。

从图 2-14 中可看出：当 $U_{ce}=0$ 时，没有电源把基区中的电子拉向集电极，而大部分电子都到基极，形成 I_b；当 $U_{ce}>0$ 时，有集电极电流 I_c 产生，所以 I_b 减小。因此对应同一个 U_{be} 时，曲线 1 的 I_b 比曲线 2 的 I_b 大得多。事实上，当 $U_{ce}>1V$ 以后（图中 $U_{ce}=2V$ 线），收集结的电场基本上能把基区中靠近收集结一边的电子全部拉向集电极，所以即使 U_{ce} 再增加，输入特性也不会怎样变化，因此只需要画出 $U_{ce}>1V$ 的一条输入特性曲

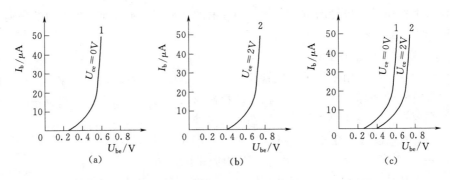

图 2-14 三极管的输入特性曲线

线，就可以代表 U_{ce} 为其更高数值的情况。

在实际应用时，对于 NPN 型三极管而言，U_{ce} 总是大于零的，所以比较有实际意义的是 $U_{ce} > 1V$ 的那条输入特性。

从三极管的输入特性可以看出：

1) 和二极管的伏安特性一样，它也有一段"死区"，硅管约为 0.5V 左右（锗管约为 0.2V 左右）。当三极管正常工作时，U_{be} 为 0.7V（锗管约为 0.3V 左右）。这是三极管的一个重要特点。

2) 输入特性是非线性的，U_{be} 在 0.7V 附近稍有变化时，I_b 就变化很大。如果 U_{be} 变化过大，将导致 I_b 急剧增加而使三极管损坏，所以一般应用是，在基极回路往往串接一个限流电阻。

（2）输出特性。仍用图 2-12 电路进行测试。调节电阻 R_b，使 I_b 分别为某一数值，例如 $I_b = 40\mu A$ 和 $I_b = 80\mu A$，并分别使之保持不变。然后调节 E_c 测量 I_c 和 U_{ce}，可以得到表 2-8 中两组数据。

表 2-8　　　　　　　　　　　三 极 管 输 出 特 性 表

	U_{ce}/V	0	0.3	0.5	1	3	5	10
I_c/mA	$I_b = 40/\mu A$	0	0.43	0.52	0.53	0.53	0.53	0.54
	$I_b = 80/\mu A$	0	2.1	2.3	2.4	2.4	2.4	2.4

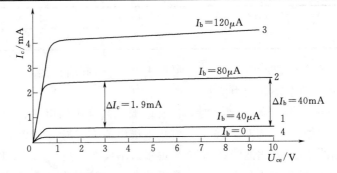

图 2-15 三极管的输出特性曲线

将表 2-8 中的数据绘制成曲线，如图 2-15 中 1、2 曲线所示，该曲线反映出三极管输出电流变化规律，称为三极管输出特性曲线。这里的 I_b 像"闸门"的作用一样，若 I_b 再增加，I_c 也增加，到曲线 3。若 $I_b=0$，则得到曲线 4。

从三极管的输出特性可以看出：

1）$I_b=0$ 时，$I_c \neq 0$，这时的 I_c 就是前面提到的三极管的穿透电流 I_{ceo}。

2）$U_{ce}=0$ 时，$I_c=0$；U_{ce} 逐渐增大，I_c 也增大。可是当 $U_{ce}>1V$ 左右以后，即使 U_{ce} 再增加，I_c 却基本上不增加了。这说明 $U_{ce}>1V$ 以后，基区中靠近收集结一边的电子，已全部被收集的电场拉向集电极，所以 U_{ce} 再增加，I_c 也不怎样增加了。可见在这个区域，I_c 主要由 I_b 所决定，而与 U_{ce} 基本无关，呈现一种"衡流特性"。欲增加电流 I_c，必须增加 I_b。这是三极管的又一个重要性质。当然若 U_{ce} 大于某值，I_c 将急剧增加，产生击穿。

（3）主要参数之直流参数。

1）集电极-基极反向饱和电流 I_{cbo}，发射极开路（$I_e=0$）时，基极和集电极之间加上规定的反向电压 V_{cb} 时的集电极反向电流，它只与温度有关，在一定温度下是个常数，所以称为集电极-基极的反向饱和电流。良好的三极管，I_{cbo} 很小，小功率锗管的 I_{cbo} 约为 $1 \sim 10 \mu A$，大功率锗管的 I_{cbo} 可达数毫安，而硅管的 I_{cbo} 则非常小，是毫微安级。

2）集电极-发射极反向电流 I_{ceo}（穿透电流）基极开路（$I_b=0$）时，集电极和发射极之间加上规定反向电压 V_{ce} 时的集电极电流。I_{ceo} 大约是 I_{cbo} 的 β 倍，即：$I_{ceo}=(1+\beta)I_{cbo}$，I_{cbo} 和 I_{ceo} 受温度影响极大，它们是衡量管子热稳定性的重要参数，其值越小，性能越稳定，小功率锗管的 I_{ceo} 比硅管大。

3）发射极-基极反向电流 I_{ebo}。集电极开路时，在发射极与基极之间加上规定的反向电压时发射极的电流，它实际上是发射极的反向饱和电流。

4）直流电流放大系数 β_1（或 hef），这是指共发射接法，没有交流信号输入时，集电极输出的直流电流与基极输入的直流电流的比值，即：$\beta_1=I_c/I_b$。

（4）主要参数之交流参数。

1）交流电流放大系数 β（或 hfe），这是指共发射极接法，集电极输出电流的变化量 ΔI_c 与基极输入电流的变化量 ΔI_b 之比，即：$\beta=\Delta I_c/\Delta I_b$。

一般晶体管的 β 为 $10 \sim 200$，如果 β 太小，电流放大作用差，如果 β 太大，电流放大作用虽然大，但性能往往不稳定。

2）共基极交流放大系数 α（或 hfb），这是指共基接法时，集电极输出电流的变化是 ΔI_c 与发射极电流的变化量 ΔI_e 之比，即：$\alpha=\Delta I_c/\Delta I_e$。

因为 $\Delta I_c < \Delta I_e$，故 $\alpha<1$。高频三极管的 $\alpha>0.90$ 就可以使用 α 与 β 之间的关系：

$$\alpha=\frac{\beta}{1+\beta}$$

$$\beta=\frac{\alpha}{1-\alpha} \approx \frac{1}{1-\alpha}$$

3）截止频率 f_β、f_α，当 β 下降到低频时的 0.707 倍的频率，就是共发射极的截止频

率 f_β；当 α 下降到低频时的 0.707 倍的频率，就是共基极的截止频率 f_α。f_β、f_α 是表明管子频率特性的重要参数，它们之间的关系为

$$f_\beta \approx (1-\alpha) f_\alpha$$

4）特征频率 f_T，因为频率 f 上升时，β 就下降，当 β 下降到 1 时，对应的 f_T 是全面地反映晶体管的高频放大性能的重要参数。

5. 三极管的三种工作状态

（1）三极管截止工作状态。用来放大信号的三极管不应工作在截止状态。若输入信号部分地进入了三极管特性的截止区，则输出信号会产生非线性失真，如图 2-16 所示。

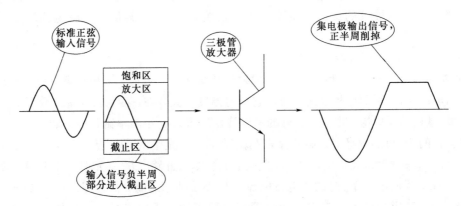

图 2-16 三极管截止区造成的削顶失真示意图

当三极管用于开关电路时（三极管相当于一个开关），三极管的一个工作状态就是截止。由于开关电路中的三极管不用来放大信号，所以不需要考虑信号的失真。

（2）三极管放大工作状态。三极管工作在放大状态区，则输出信号不会产生非线性失真，如图 2-17 所示。

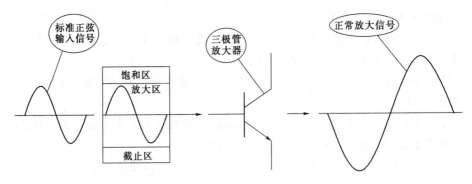

图 2-17 三极管信号放大示意图

要想让三极管进入放大区，必须给三极管各个电极一个合适的直流电压，归纳起来就是两个条件：①给三极管的集电结反向偏置电压；②给三极管的发射结加正向偏置电压。

（3）三极管饱和工作状态。三极管工作在饱和状态区，则输出信号会产生非线性失真，如图 2-18 所示。

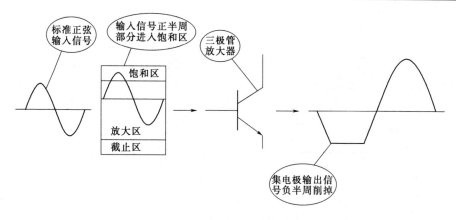

图 2-18　三极管信号放大示意图

第二节　整流电路和放大电路基础

一、单相半波整流原理

1. 整流电路构成及工作原理

晶体二极管具有整流作用，二极管整流原理如图 2-19 所示。

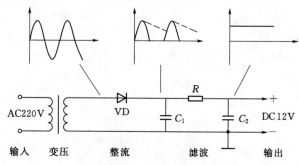

图 2-19　单相半波整流原理

图 2-20 为半波整流电源电路，由于二极管的单向导电特性，在交流电压正半周时二极管 VD 导通，有输出；在交流电压负半周时二极管 VD 截止，无输出。经二极管 VD 整流出来的脉动电压再经 RC 滤波器滤波后即为直流电压。

2. 负载的平均电压、电流及整流管的主要参数

负载 R_L 得到的单相脉动直流电压，一般用一个周期的平均值来表示其大小。通过数学分析，负载上得到的单相脉动电压的平均值为 $U_0 = 0.45U_2$。

通过负载和通过二极管上的电流平均值为 $I_L = I_D = \dfrac{U_L}{R_L} = 0.45\dfrac{U_2}{R_L}$。

二极管截至时所承受的最高反向电压 $U_{RM} = \sqrt{2}U_2$。

I_{VF} 和 U_{RM} 是选择半波整流二极管的依据，选择二极管的要求如下：

（1）二极管最高反向峰值电压 $U_{RM} \geqslant \sqrt{2}U_2$。

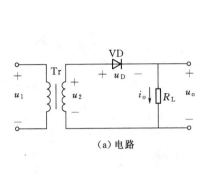

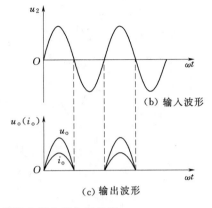

图 2-20　单相半波整流电路及负载电流电压波形

（2）二极管额定整流电流 $I_{VF} \geqslant 0.45 \dfrac{U_2}{R_L}$。

单向半波整流电路结构简单，单波形脉动程度大，效率低。

二、单相桥式全波整流电源

1. 整流电路构成及工作原理

单相桥式整流电路是最基本的将交流转换为直流的电路，其电路如图 2-21 所示。

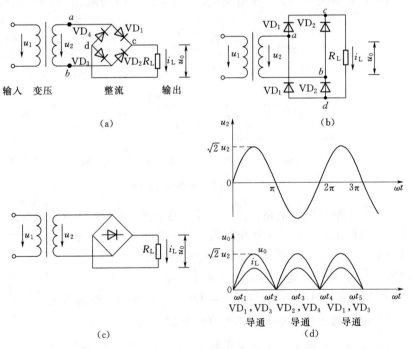

图 2-21　单相全波整流电路

2. 负载的平均电压、电流及整流管的主要参数

输出直流电压 U_0 和直流电流 I_0。桥式整流输出双半波脉动电压和电流，它是半波整流的一倍：$U_0 = 0.9U_2$。

通过负载上的电流平均值为 $I_L = \dfrac{U_L}{R_L} = 0.9\dfrac{U_2}{R_L}$。

由于两个串联二极管为一组的 VD_1、VD_2 与 VD_3、VD_4 轮流导电，故每个二极管的平均电流的一半：

$$I_{VD} = \frac{I_L}{2} = 0.45\frac{U_2}{R_L}$$

二极管截至时所承受的最高反向电压 $U_{Rm} = \sqrt{2}U_2$。

I_{VF} 和 U_{Rm} 是选择半波整流二极管的依据，选择二极管的要求是：二极管最高反向峰值电压 $U_{Rm} \geqslant \sqrt{2}U_2$。

与单相半波整流电路比较，单相桥式整流电路需要四只二极管，但输出电压高 1 倍，脉动成分变小，变压器利用率高。

三、三相半波整流电路工作原理

1. 工作原理

三相半波整流电路如图 2-22 所示。图中 VD_1、VD_2、VD_3 的三个阴极连接在一起，为共阴极组二极管。在分析三相整流电路时，除将二极管看成理想器件外，共阴极组二极管的导电原则是：高电平有效，即哪个二极管阳极电位高，哪个二极管就导通，而另外两个二极管则反偏截止。

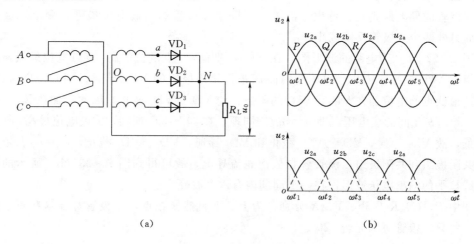

（a）　　　　　　　　　　　　　（b）

图 2-22　三相半波整流电路图

图 2-22（b）为电路的波形图，u_{2a}、u_{2b}、u_{2c} 为三相变压器的次级相电压。在 $0\sim\omega t_1$ 期间，c 点电位最高，因此 VD_3 导通，$u_0 = u_{2c}$ 而由于 VD_3 导通钳位，N 点与 c 点电位相等，故 VD_1、VD_2 反偏而截止。同理，在 $\omega t_1 \sim \omega t_2$ 期间，a 点电位最高，VD_1 导通，VD_2、VD_3 反偏而截止，$u_0 = u_{2a}$。依次类推，VD_1、VD_2、VD_3 轮流导电，输出变压器次级电压的上包络线，在一个周期内有三个波峰。

在 $\omega t = \omega t_1$ 时，以 P 点为分界，电路由 VD_3 导通转为 VD_1 导通，电流由 c 相流出换成由 a 相流出，为此，把 P 点称为自然换相点，在此点上，VD_3 与 VD_1 自然换相换流。同理，Q、R 点亦为自然换相点。由于在每个周期内，三只二极管轮流导电的时间相同，故每个二极管每周导电120°。

2. 电路参数

（1）输出直流电压 U_0 和直流电流 I_L。

$$U_0 = 1.17U_2$$

$$I_L = 1.17\frac{U_2}{R_L}$$

式中 U_2——三相变压器次级相电压有效值。

（2）二极管的平均电流 I_{VD} 和最大反向电压 U_{Rm}。在一周内三只二极管轮流导电的时间相同，故每只二极管的电流平均值为 I_L 的 $1/3$，即

$$I_{VD} = \frac{1}{3}I_L = 0.39\frac{U_2}{R_L}$$

二极管截止时承受的反向电压为三相变压器次级线电压，其最大值为

$$U_{Rm} = \sqrt{2} \times \sqrt{3}U_2 = 2.45U_2$$

四、三相桥式整流电源

1. 工作原理

三相桥式整流电路如图 2-23 所示。图中 VD_1、VD_3、VD_5 的三个阴极连接在一起，为共阴极组二极管，VD_2、VD_4、VD_6 的三个阳极连接在一起，为共阳极组二极管。共阳极组二极管的导电原则是：低电平有效，即哪个二极管的阴极电位最低，哪个二极管导通，而另外两个二极管反偏截止。

图 2-23（b）为电路的波形图。在 $0 \sim \omega t_1$ 期间，c 点电位最高，b 点电位最低，故共阴极组的 VD_5 导通，VD_1、VD_3 反偏而截止；共阳极组的 VD_4 导通，同时 VD_4 导通钳位，把最低点的电位加在 VD_2、VD_6 的阳极，使 VD_2、VD_6 截止。因此，加在 R_L 上的电压为 c 相与 b 相间的线电压，即 $u_0 = u_{cb}$。同理，在 $\omega t_1 \sim \omega t_2$ 期间，a 点电位最高，b 点电位最低，故 VD_1 导通，VD_3、VD_5 截止和 VD_4 导通，VD_2、VD_4 截止，$u_0 = u_{ab}$。依次类推，共阴极组和共阳极组二极管各自依次轮流导电，故可得到图 2-23（b）所示的将下包络线拉平的输出电压波形，在一个周期内有六个波峰。

图中 P、Q、R 及 W、Y、X 分别称为上、下自然换相点，二极管都在这些点上换相换流。每只二极管每周导通120°。

2. 电路参数

（1）输出直流电压 U_0 和直流电流 I_L。

$$U_0 = 2.34U_2$$

$$I_L = \frac{U_2}{R_L} = 2.34\frac{U_2}{R_L}$$

式中 U_2——三相变压器次级相电压有效值。

（2）二极管的平均电流 I_{VD} 和最大反向电压 U_{Rm}。

在一周内三只二极管轮流导电的时间相同，故每只二极管的电流平均值为 I_L 的 $1/3$，即

$$I_{VD} = \frac{1}{3}I_L = 0.78\frac{U_2}{R_L}$$

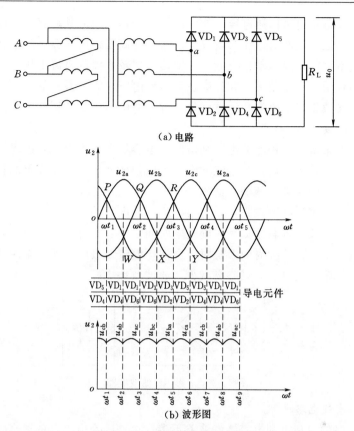

（a）电路

（b）波形图

图 2-23 三相桥式整流电路图

二极管截止时承受的反向电压为三相变压器次级线电压，其最大值为

$$U_{Rm} = \sqrt{2}\sqrt{3}U_2 = 2.45U_2$$

五、滤波电路的组成与工作原理

将脉动直流电中的交流成分滤除的过程称为滤波。滤波电路是一种允许通过直流，抑制交流的电路（图 2-24）。

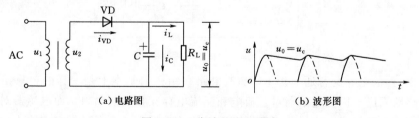

（a）电路图 （b）波形图

图 2-24 半波整流及滤波

1. 电容滤波电路

电容滤波电路主要用到了电容器的隔直通交特性和储能特性。前面整流电路输出的脉动性直流电压可分解成一个直流电压和一组频率不同的交流电，交流电压部分就会从电容器流过到地，而直流电压部分却因电容器的通交隔直特性而不能接地才流到下一级电路。这样电容器就把原单向脉动性直流电压中的交流部分滤掉了。

　　另外电容滤波电路也可以用电容储能特性来解释，当单向脉动直流电压处于高峰值时电容就充电，而当处于低峰值电压时就放电，这样把高峰值电压存储起来到低峰值电压处再释放。把高低不平的单向脉动性直流电压转换成比较平滑的直流电压。

　　滤波电容的容量通常比较大，并且往往是整机电路中容量最大的一只电容器。滤波电容的容量大，滤波效果好。电容滤波电路是各种滤波电路中最常用的一种。

　　2. π 形 RC 滤波电路

　　首先从结构上来讲，这种滤波电路是由两个电容器和一个电阻器组成，它实际上是两个电容同时进行滤波作用，后面一个滤波电容可以把前面电容未滤完整的直流电压进一步滤波，这样两个电容同时进行滤波，滤波效果当然是更加理想（图 2 - 25）。可以加大第一只滤波电容的容量来提高滤波效果，但第一只滤波电容的容量不能太大，因为刚开机接通电源时，第一只滤波电容容量太大，则充电时间会太长，这一充电电流是流过整流二极管的，当充电电流太大、持续时间太长时，会损坏整流二极管，所以采用这种 π 形 RC 滤波电路时，可以使第一只电容容量略有减少，滤波效果更好。

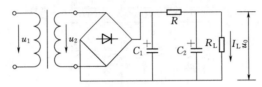

图 2 - 25　π 形 RC 滤波电路

　　3. π 形 LC 滤波电路

　　电感滤波电路的原理也和电容器滤波差不多，也是因为电感器的通直阻交特性和储能特性。从储能方面来解释的话和电容器是一样的原理，从通直阻交特性方面来解释电感器的滤波电路时，电感器是把单向脉动性直流电压分解出来的交流电压部分进行阻碍，而电容器却是短路接地（图 2 - 26）。电感量越大滤波效果越好，由电感器单独作滤波电路的情况很少，一般会和电容一起组合使用。

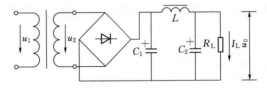

图 2 - 26　π 形 LC 滤波电路

　　π 形 LC 滤波电路与普通 π 形 RC 滤波电路在结构上基本上是一样的，只是将电阻器更换成电感器而已。因为电阻器对直流电和交流电存在相同的电阻，而电感器对交流电感抗大，对直流电感抗小，这样既可以提高交流滤波效果，还不会降低直流输出电压，因为电感器对直流电不存在感抗，不会像电阻器那样对直流电也存在电压降。电感器的通直阻交特性是这种滤波电路的最大优点，但是电感器的成本高，所以这种滤波电路没有 π 形 RC 滤波电路使用得多。

　　六、基本放大电路

　　E_c：集电极电源。放大器输出信号的能量并不是由输入信号供给的，而是从电源 E_c

获得的。同时，为了使三极管具有放大作用，具体说就是为了使从发射区扩散到基区的大部分载流子能顺利地到达集电区，E_c 须使收集结为反向接法。对于 NPN 型三极管，集电极应接 E_c 的正端，如图 2-27 所示。

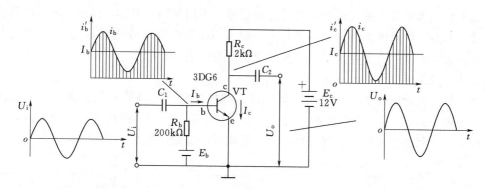

图 2-27 交流放大过程

E_b：基极偏置电源。为了使载流子易于从发射区扩散到基区，三极管的发射结必须加一个正向偏置电源。对于 NPN 三极管，基极接 E_b 的正端。

C_1、C_2：隔直电容。允许交流电流流过，阻止直流电流通行。在加入交流信号和输出端接上负载时，既不影响三极管的正常工作时的直流电压和电流，又能保证交流信号输入输出。交流时，可以认为电容阻抗为 0。

R_b：基极偏流电阻。用它来决定三极管的工作状态，使三极管取得合适的 I_b 值。

R_c：集电极负载电阻。通过它把三极管的电流放大作用变换为电压放大的形式，或者说当集电极电流（I_c）在放大过程中发生变化时，R_c 上的压降随之变化，则三极管 c、e 两端的电压 U_{ce}，即输出电压 U_o 也相应地改变，也就是说把电流 I_c 的变化转换为输出电压 U_o 的变化。如果没有 R_c，则三极管的 U_{ce} 就等于电源电压 E_c，这时虽然三极管的 I_c 随着 I_b 变化，但 U_{ce} 是不变的。因为输出端接在三极管的集电极，所以输出电压 U_o 也不变化，这样就起不到放大信号的作用。

当接有电阻 R_c 时，根据回路电压定律

$$U_{ce} = E_c - U_{Rc} = E_c - I_c R_c = E_c - \beta I_b R_c$$

在 I_b 变化时，I_c 和 U_{Rc} 相应改变，于是 U_{ce} 也随之变化。由于 $U_o = U_{ce}$，所以 U_o 就跟着变化，这样就把电流的变化转换为电压的变化了。

当 U_i 增加时，I_b 增加，I_c 增加，$U_{Rc} = I_c R_c$ 也增加，但 U_{ce} 是减小的，即 U_o 减小。反之当 U_i 减小时，U_o 增加。可见 U_o 和 U_i 的变化是相反的，一般称为反相。这是三极管放大电路的又一个重要特点。

如果元件的参数安排得合适，可以使 U_o 的变化比 U_i 的变化大许多倍，从而电路起到电压放大的作用。

在三极管处于静态时，I_b 不发生变化，I_c 也不变化。当输入端有交流信号 u_i 输入时，会因为 u_i 变化引起 i_b 变化，由于 $i_c = \beta i_b$，故 i_c 也随之变化。i_b、i_c 均在 I_b、I_c 基础上变化。

$$i'_b = I_b + i_b$$
$$i'_c = I_c + i_c$$
$$u'_{ce} = U_{ce} + u_{ce}$$

如果放大器放大的是直流或缓慢变化的信号，不用加隔直电容，这时的放大电路称为直流放大电路，如果放大的是交流信号，一般多用隔直电容（或电感），这时的放大电路称为交流放大电路。在本课程里，主要学习交流放大电路。

1. 放大电路的简化

为了使三极管能够工作，必须给集电极、基极分别施加偏置电压。由于施加电压不同，故分别提供 E_c、E_b 两个电源。为了简化电路，对 E_c、E_b 进行合并。合并后，图中的基极偏置电阻需要调整，确保工作正常，简化后的电路如图 2-28（c）。

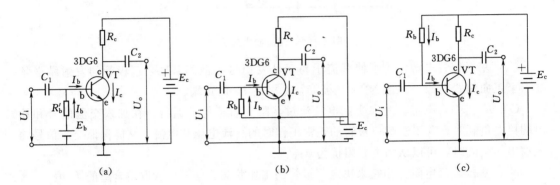

(a)　　　　　　　　(b)　　　　　　　　(c)

图 2-28　放大电路中 E_c、E_b 合并

2. 放大电路的静态工作点

没有信号输入时放大电路的工作状态称为静态。静态时三极管的工作电流和电压确定了"静态工作点"。这时三极管的工作电流和工作电压一般是指直流 I_b、I_c 和 U_{ce}，其中 I_b 起主要作用。由于 $U_{ce} = E_c - U_{Rc} = E_c - I_c R_c = E_c - \beta I_b R_c$，所以 I_b 确定之后，I_c 和 U_{ce} 也就确定了。

"静态工作点" I_b、I_c 和 U_{ce} 值正确与否，是关系到三极管能否正常工作的重要参数。

根据图 2-29，计算三极管静态工作点（I_b、I_c 和 U_{ce}）。图中三极管型号为 3DG4，$\beta = 45$。

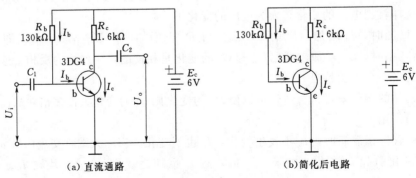

(a)直流通路　　　　　　　　(b)简化后电路

图 2-29　直流通路和静态工作点计算电路

因电容有隔离直流的作用，计算直流工作点时，可以不考虑电容以外的电路。简化后的电路为图 2-29（b）。

根据电路，可以列两个电压方程：

$$E_c = I_c R_c + U_{ce}$$

$$E_c = I_b R_b + U_{be}$$

对于硅管，一般 $U_{be} \approx 0.7V$。

$$I_b = \frac{E_c - U_{be}}{R_b} = \frac{6 - 0.7}{130} = 40.8(\mu A)$$

$$I_c = \beta I_b = 45 \times 40.8 = 1836(\mu A) = 1.836(mA)$$

$$U_{ce} = E_c - I_c R_c = 6 - 1.836 \times 1.6 = 3.06(V)$$

3. 三极管放大电路直流静态工作点计算式

$$I_b = \frac{E_c - U_{be}}{R_b} \approx \frac{E_c}{R_b}$$

$$I_c = \beta I_b$$

$$U_{ce} = E_c - I_c R_c$$

4. 放大电路的三种接法

图 2-30（a）是以发射极作为放大器输入和输出回路的公共端（即地端），这种接法的电路被称为共发射极放大电路，这是应用最广泛的一种基本放大电路。

图 2-30（b）是以基极为公共端的放大电路，称为共基极放大电路。

图 2-30（c）是以集电极为公共端的放大电路，称为共集电极放大电路。

所谓"共某极"电路，都是对交流信号而言，把 E_c 看作短路。例如图 2-30（c），当把 E_c 短路后，集电极就是地电位，而输入电压加在基极和集电极之间，输出电压从发射极和集电极之间取出。可见，集电极是公共点，所以这种电路就是共集电极电路。

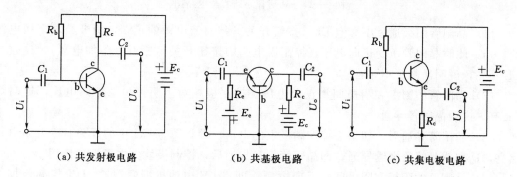

(a) 共发射极电路　　　　(b) 共基极电路　　　　(c) 共集电极电路

图 2-30 放大电路的三种接法（NPN）

三种放大电路特点如下：

（1）共射电路既能放大电流又能放大电压，输入电阻在三种电路中，输出电阻较大，频带较窄。常作为低频电压放大电路的单元电路。

（2）共集电路只能放大电流而不能放大电压，是三种接法中输入电阻最大、输出电阻最小的电路，并有电压跟随的特点。常用于电压放大的输入极和输出极，在功率放大电路中也常采用射极输出的形式。

（3）共基电路只能放大电压而不能放大电流，输入电阻小，电压放大倍数和输出电阻与共射电路相当，频率特性是三种接法中最好的。常用于宽频带放大电路。

第三节　晶闸管基础知识

一、晶闸管介绍

晶闸管（Thyristor）是晶体闸流管的简称，又可称为可控硅整流器，以前被简称为可控硅，它是一种大功率开关型半导体器件，在电路中用文字符号为"V""VT"表示（旧标准中用字母"SCR"表示）。

晶闸管具有硅整流器件的特性，能在高电压、大电流条件下工作，且其工作过程可以控制、被广泛应用于可控整流、交流调压、无触点电子开关、逆变及变频等电子电路中。

EL：普通6V小灯泡。KP：控制极触发电压≤2.5V，通态平均电流1A。

为了说明晶闸管的导电原理，可按图2-31所示的电路实训板做一个简单的实训。

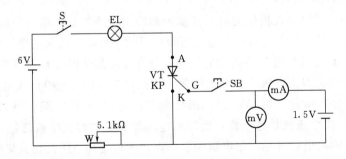

图2-31　晶闸管导通实验电路图

（1）晶闸管阳极通过小灯泡EL、按钮开关S接直流电源的正端，阴极经电阻接电源的负端，此时晶闸管承受正向电压。控制极电路中按钮开关S断开（不加电压），这时灯EL不亮，说明晶闸管不导通。

（2）晶闸管的阳极和阴极间加正向电压，控制极相对于阴极也加正向电压，这时灯EL亮，说明晶闸管导通。

（3）晶闸管导通后，如果去掉控制极上的电压，即将图2-31中的开关S断开，灯仍然亮，这表明晶闸管继续导通，即晶闸管一旦导通后，控制极就失去了控制作用。

（4）晶闸管的阳极和阴极间加反向电压（即将6V电池机型颠倒），无论控制极加不加电压，灯都不亮，晶闸管截止。

（5）如果控制极加反向电压，晶闸管阳极回路无论加正向电压还是反向电压，晶闸管都不导通。

从上述实验可以看出，晶闸管导通必须同时具备两个条件：

（1）晶闸管阳极电路加正向电压。

（2）控制极电路加适当的正向电压。

晶闸管俗称可控硅，它的种类很多，但主要可分为单向晶闸管和双向晶闸管。单向晶闸管类似于二极管，只能在一个方向导通，而双向晶闸管双向都能导通。常见的晶闸管实物外形如图 2-32 所示。

图 2-32　晶闸管实物外形

单向晶闸管的电路符号、内部结构和等效图如图 2-33 所示。

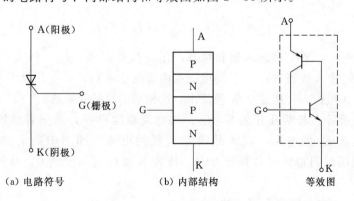

（a）电路符号　　　　　　（b）内部结构　　　　　　等效图

图 2-33　单向晶闸管的电路符号、内部结构和等效图

单向晶闸管有三个极：A 极（阳极）、G 极（栅极）和 K 极（阴极）。晶闸管内部结构如图 2-33（b）所示，它相当于 PNP 型三极管和 NPN 型三极管以图 2-33（c）所示的方式连接而成。

二、晶闸管工作原理

下面以图 2-34 所示的电路来说明单向晶闸管的工作原理。

电源 E_2 通过 R_2 为晶闸管 A、K 极提供正向电压 U_{AK}，电源 E_1 经电阻 R_1 和开关 S 为晶闸管 G、K 极提供正向电压 U_{GK}，当开关 S 处于断开状态时，VT_1 无 I_{b1} 电流而无法导

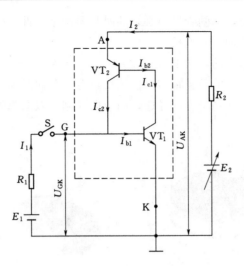

图 2-34 单向晶闸管的工作原理说明图

通，VT_2 也无法导通，晶闸管处于截止状态，I_2 电流为 0。

如果将开关 S 闭合，电源 E_1 马上通过 R_1、S 为 VT_1 提供 I_{b1} 电流，VT_1 导通，VT_2 也导通（VT_2 的 I_{b2} 电流经过 VT_2 的 c、e 极），VT_2 导通后，它的 I_{c2} 电流与 E_1 提供的电流汇合形成更大的 I_{b1} 电流流经 VT_1 的发射结，VT_1 导通更深，I_{c1} 电流更大，VT_2 的 I_{b2} 也增大（VT_2 的 I_{b2} 与 VT_1 的 I_{c1} 相等），I_{c2} 增大，这样会形成强烈的正反馈，正反馈过程是

$$I_{b1} \uparrow \rightarrow I_{c1} \uparrow \rightarrow I_{b2} \uparrow \rightarrow I_{c2} \uparrow \rightarrow I_{b1} \uparrow$$

正反馈使 VT_1、VT_2 都进入饱和状态，I_{b2}、I_{c2} 都很大，I_{b2}、I_{c2} 都由 VT_2 的发射极流入，也即晶闸管 A 极流入，I_{b2}、I_{c2} 电流在内部流经 VT_1、VT_2 后从 K 极输出。很大的电流从晶闸管 A 极流入，然后从 K 极流出，这相当于晶闸管导通。

晶闸管导通后，若断开开关 S，I_{b2}、I_{c2} 电流继续存在，晶闸管继续导通。这时如果慢慢调低电源 E_2 的电压，流入晶闸管 K 极的电流（即图中的 I_2 电流）也慢慢减小，当电源电压调到很低时（接近 0V），流入 K 极的电流变为 0，晶闸管进入截止状态。

综上所述，单向晶闸管有以下性质：

（1）无论 A、K 极之间加什么电压，只要 G、K 极之间没有加正向电压，晶闸管就无法导通。

（2）只有 A、K 极之间加正向电压，并且 G、K 极之间也加一定的正向电压，晶闸管才能导通。

（3）晶闸管导通后，撤掉 G、K 极之间的正向电压后晶闸管仍继续导通；要让导通的晶闸管截止，可采用两种方法：①让流入晶闸管 A 极的电流减小到某一值 I_H（维持电流），晶闸管会截止；②让 A、K 极之间的正向电压 U_{AK} 减小到 0 或为反向电压，也可以使晶闸管由导通转为截止。

单向晶闸管导通和关断（截止）条件见表 2-9。

表 2-9   单向晶闸管导通和关断条件

状 态	条 件	说 明
从关断到导通	(1) 阳极电位高于阴极电位。 (2) 控制极有足够的正向电压和电流	两者缺一不可
维持导通	(1) 阳极电位高于阴极电位。 (2) 阳极电流大于维持电流	两者缺一不可
从导通到关断	(1) 阳极电位低于阴极电位。 (2) 阳极电流小于维持电流	任一条件即可

三、单向晶闸管的检测

1. 电极的判断

单向晶闸管的 G、K 极之间有一个 PN 结，它具有单向导电性（即正向电阻小、反向电阻大），而 A、K 极与 A、G 极之间的正反向电阻都是很大的。根据这个原则，可采用下面的方法来判别单向晶闸管的电极：万用表拨至 $R \times 100\Omega$ 或 $R \times 1k\Omega$ 挡，测量任意两个电极之间的阻值，当测量出现阻值小时，如图 2-35 所示，以这次测量为准，黑表笔接的电极为 G 极，红表笔接的电极为 K 极，剩下的一个电极为 A 极。

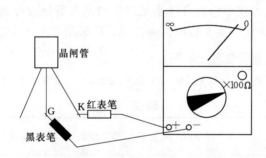

图 2-35 判断单向晶闸管的电极

2. 好坏检测

正常的单向晶闸管除 G、K 极之间的正向电阻小、反向电阻大外，其他各极之间的正、反向电阻均接近无穷大。

在检测单向晶闸管时，将万用表拨至 $R \times 1k\Omega$ 挡，测量晶闸管任意两极之间的正、反向电阻。若出现两次或两次以上阻值小，说明晶闸管内部有短路；若 G、K 极之间的正、反向电阻均为无穷大，说明晶闸管 G、K 极之间开路；若测量时只出现一次阻值小，并不能确定晶闸管一定正常（如 G、K 极之间正常，A、G 极之间出现开路），在这种情况下，需要进一步测量晶闸管的触发能力。

3. 触发能力检测

检测晶闸管的触发能力实际上就是检测 G 极控制 A、K 极之间导通的能力。单向晶闸管触发能力检测过程如图 2-36 所示，具体说明如下：

将万用表拨至 $R \times 1\Omega$ 挡，测量晶闸管 A、K 极之间的正向电阻（黑表笔接 A 极，红表笔接 K 极），A、K 极之间的阻值正常应接近无穷大，然后用一根导线将 A、G 极短路，即为 G 极提供触发电压，如果晶闸管良好，A、K 极之间应导通，A、K 极之间的阻值马上变小，再将导线移开，让 G 极失去触发电压，此时晶闸管还应处于导通状态，A、K 极之间阻值仍很小。

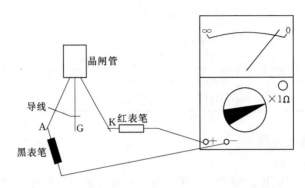

图 2-36　检测单向晶闸管的触发能力

在上面的检测中，若导线短路 A、G 极前后，A、K 极之间的阻值变化不大，说明 G 极失去触发能力，晶闸管损坏；若移开导线后，晶闸管 A、K 极之间阻值又变大，则为晶闸管开路（注：即使晶闸管正常，如果使用万用表高阻挡测量，由于在高阻挡时万用表提供给晶闸管的维持电流比较小，有可能不足以维持晶闸管继续导通，也会出现移开导线 A、K 极之间阻值变大，为了避免检测判断失误，应采用 $R \times 1\Omega$ 挡测量）。

四、国产晶闸管的型号命名

国产晶闸管的型号命名（JB 1144—75 部颁发标准）主要由四部分组成，见表 2-10。

表 2-10　　　　　　　　　　　各 部 分 含 义

第一部分：主称		第二部分：类别		第三部分：额定通态电流		第四部分：重复峰值电压级数	
字母	含义	字母	含义	字母	含义	字母	含义
K	晶闸管（可控硅）	P	普通反向阻断型	1	1A	1	100V
				5	5A	2	200V
				10	10A	3	300V
				20	20A	4	400V
		K	快速反向阻断型	30	30A	5	500V
				50	50A	6	600V
				100	100A	7	700V
				200	200A	8	800V
		S	双向型	300	300A	9	900V
				400	400A	10	1000V
				500	500A	12	1200V
						14	1400V

（1）第一部分用字母"K"表示主称为晶闸管。

（2）第二部分用字母表示晶闸管的类别。

（3）第三部分用数字表示晶闸管的额定通态电流值。

（4）第四部分用数字表示重复峰值电压级数。

示例见表 2-11。

表 2-11   示 例

KP1-2（1A 200V 普通反向阻断型晶闸管）	KS5-4（5A 400V 双向晶闸管）
K—晶闸管	K—晶闸管
P—普通反向阻断型	S—双向管
1—通态电流 1A	5—通态电流 5A
2—重复峰值电压 200V	4—重复峰值电压 400V

五、晶闸管主要工作参数

1. 额定电压 U_m

晶闸管不被击穿的最大瞬时电压。

2. 额定电流 I_R

在晶闸管的结温不超过额定结温的条件下，所允许的最大通态平均电流。

3. 通态平均电压 U_R

在额定电流和额定结温的条件下，阳极与阴极间电压降的平均值，简称管压降。

4. 维持电流 I_H

在规定的环境温度和控制极断路时，维持元件继续导通的最小电流称为维持电流 I_H。当晶闸管的正向电流小于这个电流时，晶闸管将自动关断。

5. 擎住电流 I_L

晶闸管在刚导通就去除触发电压后，能够使管子维持导通的最小阳极电流。通常，I_L 比 L_H 大数倍。

6. 门极触发电压 U_G 和触发电流 I_G

在室温下，当阳极电压等于 6V 时，使晶闸管从截止状态转入导通状态所需要的最小门极电流，称为触发电流，对应的门极电压称为触发电压。

第三章

电机与变压器基础

本章介绍电机与变压器的基础知识。电机和变压器都是生活、生产中最为常用的电能转换工具。其中变压器是一种静止的电气设备。它利用电磁感应原理，把输入的交流电压升高或者降低为同频率的交流电输出，以满足高压输电及低压供电及其他用途的需要。电动机是把电能转换成机械能的一种设备。它是利用通电线圈产生旋转磁场并作用于转子形成磁电动力旋转扭矩。电动机按使用电源不同分为直流电动机和交流电动机，电力系统中的电动机大部分是交流电机，可以是同步电机或者是异步电机。

第一节　变压器基础

变压器是一种通过电磁感应作用将一定数值的电压、电流、阻抗的交流电转换成同频率的另一数值的电压、电流、阻抗的交流电的静止电器。在电力系统中，专门用于升高电压和降低电压的变压器统称为电力变压器。电力变压器是使用最广泛的变压器。

一、变压器的分类

按照用途分，变压器主要有电力变压器、调压变压器、仪用互感器（如测量用电流互感器和电压互感器）、供特殊电源用的变压器（如整流变压器、电炉变压器、电焊变压器、脉冲变压器）。

按照相数分，变压器主要有单相变压器、三相变压器、多相变压器。

按照铁芯形式分，变压器又可以分为壳式铁芯、心式铁芯、C型铁芯。

变压器分类方式还有很多，按照绕组数目分，主要有双绕组变压器、三绕组变压器、多绕组变压器、自耦变压器。按照冷却方式分，主要有干式变压器、充气式变压器、油浸式变压器（按照冷却条件，又可细分为自冷、风冷、水冷、强迫油循环风冷、强迫油循环水冷变压器）。按照调压方式分，主要有无载调压变压器、有载调压变压器、自动调压变压器。按照容量大小分，主要有小型变压器、中型变压器、大型变压器和特大型变压器。

变压器常用分类及其用途见表3-1。

二、变压器结构

不同的变压器结构也不相同，但是在电力系统里面大部分是油浸式变压器。本节就主要介绍油浸式变压器结构。油浸式变压器由绕组和铁芯组成，但是为了解决散热、绝缘托安全问题，还需要油箱、绝缘套管、储油箱、冷却装置、压力释放阀、安全气道、气体继电器等附件。图3-1为三相油浸式电力变压器的结构示意图。

1. 铁芯

铁芯作为变压器的闭合磁路和固定绕组及其他部件的骨架。为了减小磁阻、减小交变

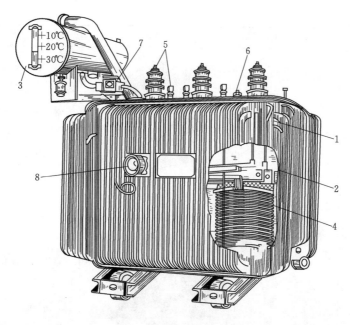

图 3-1 三相油浸式电力变压器

1—油箱；2—铁芯及绕组；3—储油柜；4—散热筋；5—高、低压绕组；

6—分接开关；7—气体继电器；8—信号温度计

磁通在铁芯内产生的磁滞损耗和涡流损耗，变压器的铁芯大多采用薄硅钢片叠装而成。变压器的铁芯有心式和壳式两种基本形式。

表 3-1 变压器常用分类及用途

分 类	名 称	外 形 图	用 途
按用途分	电力变压器		常用于输配电系统中
	自耦变压器		常用于试验室

分　类	名　　称	外　形　图	用　　途
按用途分	仪用互感器		常用于电工测量和自动保护装置
	电炉变压器		常用于金属冶炼及热处理设备
	电焊变压器		常用于各类交流金属焊接机上
按相数分	单相变压器		常用于单相交流电路电压等级的转换及隔离
	三相变压器		常用于输配电系统中变换电压

分类	名　称	外形图	用　途
按铁芯结构形式分类	壳式铁芯		常用于小型变压器和一些大电流的特殊变压器
	心式铁芯		常用于大中型电力变压器
	C型铁芯		常用于电子技术中

心式变压器的铁芯由铁芯柱、铁轭和夹紧器件组成，绕组套在铁芯柱上，如图 3-2 所示。心式变压器的结构简单，绕组的装配工艺、绝缘工艺相对于壳式变压器简单，国产三相油浸式电力变压器大多采用心式结构。

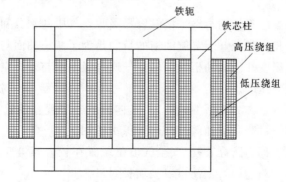

图 3-2 三相心式变压器剖面图

壳式变压器的铁芯包围了绕组的四面，就像是绕组的外壳，如图3-3所示。壳式变压器的机械强度相对较高，但制造工艺复杂，所用材料较多，一般的电力变压器很少采用。

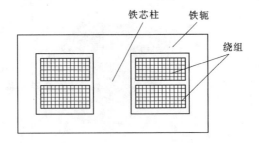

图3-3 单相壳式变压器剖面图

2. 绕组

绕组是变压器的电路部分，原绕组吸取供电电源的能量，副绕组向负载提供电能。变压器的绕组由包有绝缘材料的扁导线或圆导线绕成，有铜导线和铝导线两种。按照高、低压绕组之间的安排方式，变压器的绕组有同心式和交叠式两种基本形式。

3. 主要附件

变压器的主要附件有储油柜、气体继电器、安全气道、绝缘套管、分接开关。其外形图如图3-4所示。

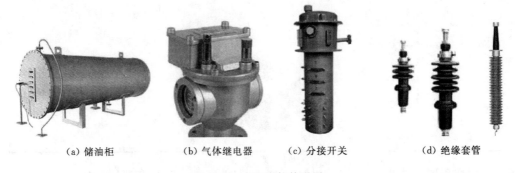

（a）储油柜　　　（b）气体继电器　　　（c）分接开关　　　（d）绝缘套管

图3-4 主要附件外形图

（1）储油柜（也称为油枕）。储油柜装置在油箱上方，通过连通管与油箱连通，起到保护变压器油的作用。

变压器油在较高温度下长期与空气接触容易吸收空气中的水分和杂质，使变压器油的绝缘强度和散热能力相应降低。装置储油柜的目的是为了减小油面与空气的接触面积、降低与空气接触的油面温度并使储油柜上部的空气通过吸湿剂与外界空气交换，从而减慢变压器油的受潮和老化的速度。

（2）气体继电器（也称为瓦斯继电器）。气体继电器装置在油箱与储油柜的连通管道中，对变压器的短路、过载、漏油等故障起到保护作用。

（3）安全气道（也称为防爆管）。安全气道是装置在较大容量变压器油箱顶上的一个钢质长筒，下筒口与油箱连通，上筒口以玻璃板封口。

当变压器内部发生严重故障又恰逢气体继电器失灵时，油箱内部的高压气体便会沿着安全气道上冲，冲破玻璃板封口，以避免油箱受力变形或爆炸。

（4）绝缘套管。绝缘套管是装置在变压器油箱盖上面的绝缘套管，以确保变压器的引出线与油箱绝缘。

（5）分接开关。分接开关装置在变压器油箱盖上面，通过调节分接开关来改变原绕组的匝数，从而使副绕组的输出电压可以调节，以避免副绕组的输出电压因负载变化而过分偏离额定值。

三、变压器工作原理

变压器的基本工作原理可以用图 3-5 说明。图 3-5 是单相变压器的工作原理图。这个单相变压器由一个闭合的铁芯和套在其上的两个绕组构成。这两个绕组彼此绝缘，同心套在一个铁芯柱上，但是为了分析问题的方便，我们将这两个绕组画在铁芯柱两侧上，其中，与电源连接的绕组称为原绕组，也称为一次绕组或原边；与负载连接的绕组称为副绕组，也称为二次绕组或副边。我们在表示原绕组电磁量的符号右下角加标号"1"，在表示副绕组电磁量的符号右下角加标号"2"，以便于区别。例如，$\dot{U}_1$、$\dot{E}_1$、$\dot{I}_1$ 分别表示原绕组的电压、感应电动势、电流相量；$\dot{U}_2$、$\dot{E}_2$、$\dot{I}_2$ 分别表示副绕组的电压、感应电动势、电流相量。

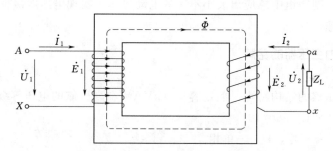

图 3-5　单相变压器工作原理图

将原绕组的两个出线端与单相交流电源连接，原绕组中便流过交流电流，该电流在铁芯中生成与电源频率相同的交变磁通，此交变磁通同时流过原、副绕组。据电磁感应原理，原、副绕组中将分别感应出交变电动势。将副绕组的两个出线端与负载连接，负载就有交流电流通过。

设 u_1、e_1 分别为原绕组的电压、感应电动势瞬时值，u_2、e_2 分别为副绕组的电压、感应电动势瞬时值，N_1、N_2 分别为原绕组、副绕组的匝数，Φ 为铁芯中同时流过原、副绕组的磁通。如果单相变压器副绕组的两个出线端不与负载连接并忽略数值很小的原绕组电阻、电抗，可以得出下面的瞬时值方程式：

$$u_1 = -e_1 \tag{3-1}$$

$$u_2 = e_2 \tag{3-2}$$

其中，依据电磁感应定律有

$$e_1 = -N_1 \frac{\mathrm{d}\Phi}{\mathrm{d}t} \tag{3-3}$$

$$e_2 = -N_2 \frac{\mathrm{d}\Phi}{\mathrm{d}t} \qquad (3-4)$$

将该式代入上式，得

$$u_1 = N_1 \frac{\mathrm{d}\Phi}{\mathrm{d}t} \qquad (3-5)$$

$$u_2 = -N_2 \frac{\mathrm{d}\Phi}{\mathrm{d}t} \qquad (3-6)$$

有

$$\frac{|u_1|}{|u_2|} = \frac{|e_1|}{|e_2|} = \frac{N_1}{N_2} = k \qquad (3-7)$$

由此可见，通过选用不同于原绕组匝数 N_1 的副绕组匝数 N_2，便可使副绕组的电压 u_2 不等于原绕组的电压 u_1，k 称为变压器的变压比，其大小是由变压器的结构参数 N_1、N_2 所决定的。

综上所述，变压器以原、副绕组能同时链过铁芯中同一变化磁通的特有结构，利用电磁感应原理，将原绕组吸收电源的电能传送给副绕组所连接的负载——实现能量的传送，使匝数不同的原、副绕组中感应出大小不等的电动势——实现电压等级变换，这就是变压器的基本工作原理。

四、国产电力变压器的铭牌

1. 型号

型号表示变压器的结构特点、额定容量（kVA）和高压侧的电压等级（kV）。

（1）旧型号：SJL - 560/10。

第一字母 S——三相，D——单相。

第二字母 J——油浸自冷，F——风冷，G——干式，S——水冷。

第三字母 L——铝线，P——强迫油循环。

数字 560——额定容量（kVA），10——高压侧电压（kV）。

（2）新型号：S7 - 500/10——三相电力变压器第 7 设计序号。$S_N = 500\mathrm{kVA}$，$U_{1N} = 10\mathrm{kV}$（高压侧）。

S9 - 80/10——三相电力变压器第 9 设计序号，$S_N = 80\mathrm{kVA}$，$U_{1N} = 10\mathrm{kV}$。

SZ9——代表有载调压三相电力变压器。

S9 - M——代表全密封三相电力变压器。

2. 额定电压 U_N

一次侧额定电压是指它正常工作时的线电压，它是由变压器的绝缘强度和允许发热条件所规定的。二次侧额定电压是指一次侧额定电压时，分接开关位于额定电压位置上，二次侧空载时的线电压，单位是 V。

3. 额定电流

额定电流是指在某环境温度、某种冷却条件下允许规定的满载线电流值。当环境温度和冷却条件改变时，额定电流也应变化。额定电流的大小主要由绕组绝缘和散热条件限制。例如，干式变压器加风扇散热后，电流可提高 50％。我国规定变压器的环境温度是 40℃。

4. 额定容量 S_N

额定容量的单位为 kVA，也称视在功率，表示在额定工作条件下变压器的最大输出功率，而满负荷时实际的输出功率为 $P_2 = S_N \cos \Phi_2$。当然，S_N 也和 I_N 一样受到环境和冷却条件的影响。

单相时：$S = U_{2N} I_{2N}$。

三相时：$S_N = \sqrt{3} U_{2N} I_{2N}$。

通常可忽略损耗，认为 $U_{1N} I_{1N} = U_{2N} I_{2N}$，以计算一次侧、二次侧的额定电流 I_{1N}、I_{2N}。

第二节 交流电动机基础

在生产上主要用的是交流电动机，特别三相异步电动机，因为它具有结构简单、坚固耐用、运行可靠、价格低廉、维护方便等优点。它被广泛地用来驱动各种金属切削机床、起重机、锻压机、传送带、铸造机械、功率不大的通风机及水泵等。

一、三相异步电动机

1. 三相异步电动机结构

三相异步电机的基本结构是由定子和转子组成。此外，还有端盖、轴承、接线盒、吊环等附件。图 3-6 是绕线式三相异步电动机结构组成。

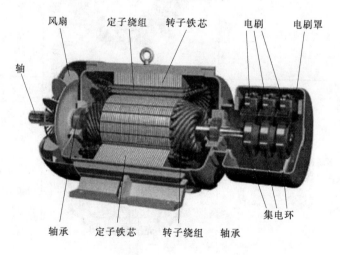

图 3-6 绕线式三相异步电动机结构组成

（1）定子。定子是三相异步电动机的静止部分，由以下三部分组成。

1）定子铁芯：用于导磁和嵌放定子三相绕组，铁芯采用 0.5mm 硅钢片冲制涂漆叠压而成，内圆均匀开槽，槽形根据适用电机不同有半闭口、半开口和开口槽三种。

2）定子绕组：由绝缘导线按一定规律连接成三相对称绕组，直流电机的定子绕组称为电枢绕组。

3）机座：采用铸铁或钢板焊接而成，用于支撑和固定铁芯作用。

定子各部分特点及作用见表3-2。

表3-2　　　　　　　　　　　　　定子各部分特点及作用

名称	特　点	实物照片	用　途
机座	大多用铸铁制成。封闭式电动机外壳有散热筋增加散热面积		固定和支撑定子铁芯
定子铁芯	由表面涂有绝缘漆的硅钢片叠压而成。内部冲有均匀分布的槽		冲压槽内安放定子绕组，是电动机磁路的一个部分
定子绕组	由许多线圈按一定规律连接而成，线圈由高强度漆包铜线或铝线绕成		三相异步电动机的电路部分，通入三相交流电后产生旋转磁场

（2）转子。转子是三相异步电动机的旋转部分，它由以下两部分组成。

1）转子铁芯：用于导磁和嵌放转子绕组，采用0.5mm硅钢片冲制涂漆叠压而成，外圆开槽。

2）转子绕组：分为笼型和绕线型两种。笼型绕组采用铸铝或铜条。绕线型绕组采用对称三相星形连接，并将输出线引至集电环。

转子各部分特点及作用见表 3-3。

表 3-3 转子各部分特点及作用

名称	特 点	实 物 照 片	用 途
转子铁芯	固定在转轴上，一般用 0.5mm 厚相互绝缘的硅钢片叠装而成的圆柱体，铁芯一般采用斜槽模式		利用冲压的斜槽嵌放绕组，同时也是磁路的一部分
绕线式绕组	与定子绕组具有相同级数的三相对称绕组，一般为星型，绕组的尾端接在一起，首端分别接到转轴上的三个与转轴绝缘的集电环上		转子绕组的作用是产生感应电动势和电流，并在旋转磁场的作用下产生电磁力矩而使转子转动
笼式绕组	笼式绕组有单笼型、双笼型和深槽型结构。笼型转子的材质一般为铜或铝。100kW 以下的电机一般采用铸铝转子		

鼠笼式电动机由于构造简单、价格低廉、工作可靠、使用方便，成为了生产上应用得最广泛的一种电动机。在容量较大的笼式异步电机中，笼式转子绕组可采用双笼式或深槽型，以提高电动机的启动转矩。绕线式异步电动机的转子绕组可以通过集电环和电刷接入附加电阻或其他控制装置，以便改善电动机的启动性能或调速特性。

（3）其他附件。三相异步电动机其他附件还包括端盖、轴承、轴承盖、接线环、吊环、风罩和风扇等，见表 3-4。

表 3-4　　　　　　　　　　　　　　其　他　附　件

名称	实物照片	说明
端盖		用铸铁或者铸钢浇铸成型，端盖装在机座的两侧，起支撑转子的作用，并保持定子、转子之间同心度的要求
轴承和轴承盖		轴承的作用是支撑转轴转动，一般采用滚动轴承以减少摩擦。轴承内注有润滑油脂，为防止滑油溢出，可以加装内外轴承盖，同时起到固定转子，使转子不能轴向移动的作用
接线盒		一般用铸铁浇铸，其作用是保护和固定绕组的引出线端子
吊环		一般用铸钢制造，安装在机座上端用来起吊、搬抬电动机
风扇和风罩		转轴带动风扇一起旋转，冷却电动机。风罩用于保护风叶

2. 三相异步电动机工作原理

为了说明三相异步电动机的工作原理，我们做如下演示实验，如图 3-7 所示。

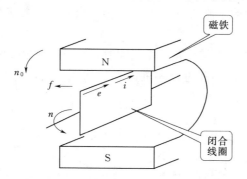

图 3-7　三相异步电动机工作原理

1）演示实验：在装有手柄的蹄形磁铁的两极间放置一个闭合导体，当转动手柄带动蹄形磁铁旋转时，导体也跟着旋转；若改变磁铁的转向，则导体的转向也跟着改变。

2）现象解释：当磁铁旋转时，磁铁与闭合的导体发生相对运动，鼠笼式导体切割磁力线而在其内部产生感应电动势和感应电流。感应电流又使导体受到一个电磁力的作用，于是导体就沿磁铁的旋转方向转动起来，这就是异步电动机的基本原理。

转子转动的方向和磁极旋转的方向相同。

3）结论：欲使异步电动机旋转，必须有旋转的磁场和闭合的转子绕组。

（1）旋转磁场。

1）产生。图 3-8 表示最简单的三相定子绕组 AX、BY、CZ，它们在空间按互差 120° 的规律对称排列。并接成星形与三相电源 U、V、W 相连。则三相定子绕组便通过三相对称电流：随着电流在定子绕组中通过，在三相定子绕组中就会产生旋转磁场（图 3-9）。

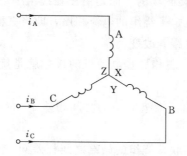

图 3-8　三相异步电动机定子接线

当 $\omega t = 0°$ 时，$i_A = 0$，AX 绕组中无电流；i_B 为负，BY 绕组中的电流从 Y 流入 B 流出；i_C 为正，CZ 绕组中的电流从 C 流入 Z 流出；由右手螺旋定则可得合成磁场的方向，如图 3-9（a）所示。

当 $\omega t = 120°$ 时，$i_B = 0$，BY 绕组中无电流；i_A 为正，AX 绕组中的电流从 A 流入 X 流出；i_C 为负，CZ 绕组中的电流从 Z 流入 C 流出；由右手螺旋定则可得合成磁场的方向，如图 3-9（b）所示。

当 $\omega t = 240°$ 时，$i_C = 0$，CZ 绕组中无电流；i_A 为负，AX 绕组中的电流从 X 流入 A 流出；i_B 为正，BY 绕组中的电流从 B 流入 Y 流出；由右手螺旋定则可得合成磁场的方向，如图 3-9（c）所示。

可见，当定子绕组中的电流变化一个周期时，合成磁场也按电流的相序方向在空间旋转一周。随着定子绕组中的三相电流不断地作周期性变化，产生的合成磁场也不断地旋转，因此称为旋转磁场。

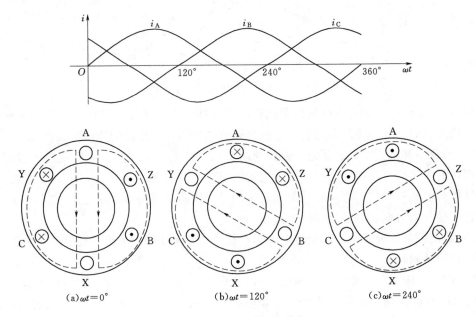

图 3-9　旋转磁场的形成

2）旋转磁场的方向。旋转磁场的方向是由三相绕组中电流相序决定的，若想改变旋转磁场的方向，只要改变通入定子绕组的电流相序，即将三根电源线中的任意两根对调即可。这时，转子的旋转方向也跟着改变。

（2）极数（磁极对数 p）。三相异步电动机的极数就是旋转磁场的极数。旋转磁场的极数和三相绕组的安排有关。

当每相绕组只有一个线圈，绕组的始端之间相差 120°空间角时，产生的旋转磁场具有一对极，即 $p=1$。

当每相绕组为两个线圈串联，绕组的始端之间相差 60°空间角时，产生的旋转磁场具有两对极，即 $p=2$；同理，如果要产生三对极，即 $p=3$ 的旋转磁场，则每相绕组必须有均匀安排在空间的串联的三个线圈，绕组的始端之间相差 40°（120°/p）空间角。极数 p 与绕组的始端之间的空间角 θ 的关系为

$$\theta = \frac{120°}{p} \tag{3-8}$$

（3）转速 n。三相异步电动机旋转磁场的转速 n_0 与电动机磁极对数 p 有关，它们的

关系为

$$n_0 = \frac{60f_1}{p} \qquad (3-9)$$

由式（3-9）可知，旋转磁场的转速 n_0 决定于电流频率 f_1 和磁场的极数 p。对某一异步电动机而言，f_1 和 p 通常是一定的，所以磁场转速 n_0 是个常数。

在我国，工频 $f_1 = 50\text{Hz}$，因此对应于不同极对数 p 的旋转磁场转速 n_0，见表 3-5。

表 3-5 不同极对数的旋转磁场转速

p	1	2	3	4	5	6
n_0	3000	1500	1000	750	600	500

（4）转差率 S。电动机转子转动方向与磁场旋转的方向相同，但转子的转速 n 不可能达到与旋转磁场的转速 n_0 相等，否则转子与旋转磁场之间就没有相对运动，因而磁力线就不切割转子导体，转子电动势、转子电流以及转矩也就都不存在。也就是说旋转磁场与转子之间存在转速差，因此我们把这种电动机称为异步电动机，又因为这种电动机的转动原理是建立在电磁感应基础上的，故又称为感应电动机。旋转磁场的转速 n_0 常称为同步转速。

转差率 S 是用来表示转子转速 n 与磁场转速 n_0 相差的程度的物理量，即

$$s = \frac{n_0 - n}{n_0} = \frac{\Delta n}{n_0} \qquad (3-10)$$

转差率是异步电动机的一个重要的物理量。

当旋转磁场以同步转速 n_0 开始旋转时，转子则因机械惯性尚未转动，转子的瞬间转速 $n = 0$，这时转差率 $S = 1$。转子转动起来之后，$n > 0$，$n_0 - n$ 差值减小，电动机的转差率 $S < 1$。如果转轴上的阻转矩加大，则转子转速 n 降低，即异步程度加大，才能产生足够大的感应电动势和电流，产生足够大的电磁转矩，这时的转差率 S 增大。反之，S 减小。异步电动机运行时，转速与同步转速一般很接近，转差率很小。在额定工作状态下为 $0.015 \sim 0.06$。

根据式（3-10），可以得到电动机的转速常用公式：

$$n = (1-S)n_0 \qquad (3-11)$$

【例 3-1】 有一台三相异步电动机，其额定转速 $n = 975\text{r/min}$，电源频率 $f = 50\text{Hz}$，求电动机的极数和额定负载时的转差率 S。

解： 由于电动机的额定转速接近而略小于同步转速，而同步转速对应于不同的极对数有一系列固定的数值。显然，与 975r/min 最相近的同步转速 $n_0 = 1000\text{r/min}$，与此相应的磁极对数 $p = 3$。因此，额定负载时的转差率为

$$S = \frac{n_0 - n}{n_0} \times 100\% = \frac{1000 - 975}{1000} \times 100\% = 2.5\%$$

（5）三相异步电动机的定子电路与转子电路。三相异步电动机中的电磁关系同变压器

类似，定子绕组相当于变压器的原绕组，转子绕组（一般是短接的）相当于副绕组。给定子绕组接上三相电源电压，则定子中就有三相电流通过，此三相电流产生旋转磁场，其磁力线通过定子和转子铁芯而闭合，这个磁场在转子和定子的每相绕组中都要感应出电动势。

（6）电磁转矩（简称转矩）。异步电动机的转矩 T 是由旋转磁场的每极磁通 Φ 与转子电流 I_2 相互作用而产生的。电磁转矩的大小与转子绕组中的电流 I 及旋转磁场的强弱有关。

经理论证明，它们的关系为

$$T = K_T \Phi I_2 \cos\varphi_2 \qquad (3-12)$$

式中　T——电磁转矩；

K_T——与电机结构有关的常数；

Φ——旋转磁场每个极的磁通量；

I_2——转子绕组电流的有效值；

φ_2——转子电流滞后于转子电势的相位角。

若考虑电源电压及电机的一些参数与电磁转矩的关系，式（3-12）修正为

$$T = K_T' \frac{SR_2 U_1^2}{R_2^2 + (SX_{20})^2} \qquad (3-13)$$

式中　K_T'——常数；

U_1——定子绕组的相电压；

S——转差率；

R_2——转子每相绕组的电阻；

X_{20}——转子静止时每相绕组的感抗。

由式（3-13）可知，转矩 T 还与定子每相电压 U_1 的平方成比例，所以当电源电压有所变动时，对转矩的影响很大。此外，转矩 T 还受转子电阻 R_2 的影响。图 3-10（a）为异步电动机的转矩特性曲线。

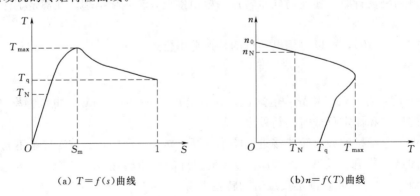

(a) $T=f(s)$曲线　　　　(b)$n=f(T)$曲线

图 3-10　三相异步电动机的机械特性曲线

3. 机械特性曲线

在一定的电源电压 U_1 和转子电阻 R_2 下，电动机的转矩 T 与转差率 n 之间的关系曲

线 $T=f(s)$ 或转速与转矩的关系曲线 $n=f(T)$，称为电动机的机械特性曲线，它可根据式（3-12）得出，如图 3-10（b）所示。

在机械特性曲线上我们要讨论三个转矩。

（1）额定转矩 T_N。额定转矩 T_N 是异步电动机带额定负载时，转轴上的输出转矩。

$$T_N=9550\frac{P_2}{n} \tag{3-14}$$

式中　P_2——电动机轴上输出的机械功率，W；

　　　　n——转速，r/min；

　　　　T_N——额定转矩，N·m。

当忽略电动机本身机械摩擦转矩 T_0 时，阻转矩近似为负载转矩 T_L，电动机作等速旋转时，电磁转矩 T 必与阻转矩 T_L 相等，即 $T=T_L$。额定负载时，则有 $T_N=T_L$。

（2）最大转矩 T_m。T_m 又称为临界转矩，是电动机可能产生的最大电磁转矩。它反映了电动机的过载能力。

最大转矩的转差率为 S_m，此时的 S_m 称为临界转差率，如图 3-10（a）所示。最大转矩 T_m 与额定转矩 T_N 之比称为电动机的过载系数 λ，即

$$\lambda=\frac{T_m}{T_N}$$

一般三相异步的过载系数为 1.8～2.2。在选用电动机时，必须考虑可能出现的最大负载转矩，而后根据所选电动机的过载系数算出电动机的最大转矩，它必须大于最大负载转矩。否则，就是重选电动机。

（3）启动转矩 T_{st}。T_{st} 为电动机启动初始瞬间的转矩，即 $n=0$、$S=1$ 时的转矩。为确保电动机能够带额定负载启动，必须满足：$T_{st}>T_N$，一般的三相异步电动机有 $T_{st}/T_N=1～2.2$。

4. 三相异步电动机的铭牌

三相异步电动机的铭牌一般形式如图 3-11 所示。现将铭牌的含义简单描述。

三相异步电动机			
型号：Y112M-4		编号	
4.0kW		8.8A	
380V	1440r/min		LW82dB
接法 △	防护等级 IP44	50Hz	45kg
标准编号	工作制 SI	B 级绝缘	2000 年 8 月
中原电机厂			

图 3-11　三相异步电动机铭牌

（1）型号。Y112M-4 中"Y"表示 Y 系列鼠笼式异步电动机（YR 表示绕线式异步电动机），"112"表示电机的中心高为 112mm，"M"表示中型机座（L 表示长型机座，S

99

表示短型机座），"4"表示 4 极电机。例如 Y160M－4。Y：异步电动机；160：机座中心高 160mm，即电机轴的中心距底座高度；M：中型机座（L 为长型，S 为短型），主要指定子铁芯长短；4：磁极数。有些电动机型号在机座代号后面还有一位数字，代表铁芯号，如 Y132S2－2 型号中 S 后面的"2"表示 2 号铁芯长（1 为 1 号铁芯长）。

（2）额定功率。电动机在额定状态下运行时，其轴上所能输出的机械功率称为额定功率。

（3）额定速度。在额定状态下运行时的转速称为额定转速。

（4）额定电压。额定电压是电动机在额定运行状态下，电动机定子绕组上应加的线电压值。Y 系列电动机的额定电压都是 380V。凡功率小于 3kW 的电机，其定子绕组均为星形连接，4kW 以上都是三角形连接。

（5）额定电流。电动机加以额定电压，在其轴上输出额定功率时，定子从电源取用的线电流值称为额定电流。

（6）防护等级。防护等级指防止人体接触电机转动部分、电机内带电体和防止固体异物进入电机内的防护等级。

防护标志 IP44 含义：IP 表示特征字母，为"国际防护"的缩写。44 表示 4 级防固体（防止大于 1mm 固体进入电机）、4 级防水（任何方向溅水应无害影响）。

（7）LW 值。LW 值指电动机的总噪声等级。LW 值越小表示电动机运行的噪声越低。噪声单位为 dB。

（8）工作制（工作方式）。工作制指电动机的运行方式。一般分为"连续"（代号为 S1）、"短时"（代号为 S2）、"断续"（代号为 S3）。

（9）额定频率。电动机在额定运行状态下，定子绕组所接电源的频率，称为额定频率。我国规定的额定频率为 50Hz。

二、单相异步电动机

单相交流异步电动机的结构，如图 3－12 所示。

图 3－12　单相交流异步电动机的结构图

1. 定子部分

单相异步电动机的定子包括机座、铁芯、绕组三大部分，分别介绍如下：

（1）机座。机座采用铸铁、铸铝或钢板制成，其结构主要取决于电机的使用场合及冷却方式。单相异步电动机的机座形式一般有开启式、防护式、封闭式等几种。开启式结构的定子铁芯和绕组外露，由周围空气流动自然冷却，多用于一些与整机装成一体的使用场合，如洗衣机等。防护式结构是在电机的通风路径上开有一些必要的通风孔道，而电机的铁芯和绕组则被机座遮盖着。封闭式结构是整个电机采用密闭方式，电机的内部和外部隔绝，防止外界的侵蚀与污染，电机主要通过机座散热，当散热能力不足时，外部再加风扇冷却。

另外有些专用单相异步电动机，可以不用机座，直接把电机与整机装成一体，如电钻、电锤等手提电动工具等。

（2）铁芯部分。定子铁芯多用铁损小、导磁性能好，厚度一般为 $0.35\sim0.5\text{mm}$ 的硅钢片冲槽叠压而成。定、转子冲片上都均匀冲槽。由于单相异步电动机定、转子之间气隙比较小，一般为 $0.2\sim0.4\text{mm}$。为减小开槽所引起的电磁噪声和齿谐波附加转矩等的影响，定子槽口多采用半闭口形状。转子槽为闭口或半闭口，并且常采用转子斜槽来降低定子齿谐波的影响。集中式绕组罩极单相电动机的定子铁芯则采用凸极形状，也用硅钢片冲制叠压而成。

（3）绕组。单相异步电动机的定子绕组，一般都采用两相绕组的形式，即主绕组和辅助绕组。主、辅绕组的轴线在空间相差 $90°$ 电角度，两相绕组的槽数、槽形、匝数可以是相同的，也可以是不同的。一般主绕组占定子总槽数的 $2/3$，辅助绕组占定子总槽数的 $1/3$，具体应视各种电机的要求而定。

单相异步电动机中常用的定子绕组形式有单层同心式绕组、单层链式绕组、双层叠绕组和正弦绕组。罩极式电动机的定子多为集中式绕组，罩极极面的一部分上嵌放有短路铜环式的罩极线圈。

2. 转子部分

单相异步电动机的转子主要有转轴、铁芯、绕组三部分，现分述如下：

（1）转轴。转轴用含碳轴钢车制而成，两端安置用于转动的轴承。单相异步电动机常用的轴承有滚动和滑动两种，一般小容量的电机都采用含油滑动轴承，其结构简单，噪声小。

（2）铁芯。转子铁芯是先用与定子铁芯相同的硅钢片冲制，将冲有齿槽的转子铁芯叠装后压入转轴。

（3）绕组。单相异步电动机的转子绕组一般有两种形式，即笼型和电枢型。笼型转子绕组是用铝或者铝合金一次铸造而成，它广泛应用于各种单相异步电动机。电枢型转子绕组则采用与直流电机相同的分布式绕组形式，按叠绕或波绕的接法将线圈的首、尾端经换相器连接成一个整体的电枢绕组，电枢式转子绕组主要用于单相异步串励电动机。

3. 单相异步电动机原理

当单相正弦交流电通入定子单相绕组时，就会在绕组轴线方向上产生一个大小和方向交变的磁场。这种磁场的空间位置不变，其幅值在时间上随交变电流按正弦规律变化，具有脉动特性，因此称为脉动磁场，如图 3 - 13（a）所示。可见，单相异步电动机中的磁场是一个脉动磁场，不同于三相异步电动机中的旋转磁场。

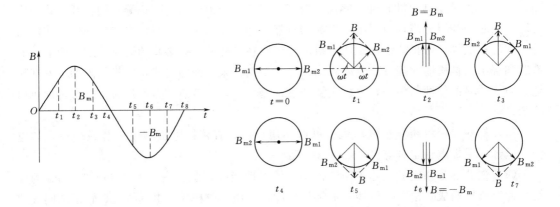

（a）交变脉动磁场   （b）脉动磁场的分解

图 3-13 脉动磁场分解成两个方向相反的旋转磁场

为了便于分析，这个脉动磁场可以分解为大小相等，方向相反的两个旋转磁场，如图 3-13（b）所示。它们分别在转子中感应出大小相等，方向相反的电动势和电流。

两个旋转磁场作用于笼型转子的导体中将产生两个方向相反的电磁转矩 $T+$ 和 $T-$，合成后得到单相异步电动机的机械特性，如图 3-14 所示。图中，$T+$ 为正向转矩，由旋转磁场 B_{m1} 产生；$T-$ 为反向转矩，由反向旋转磁场 B_{m2} 产生，而 T 为单相异步电动机的合成转矩。

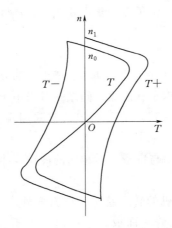

图 3-14 单相异步电动机的机械特性

由图 3-14 可知，单相异步电动机一相绕组通电的机械特性有如下特点：

（1）当 $n=0$ 时，$T+=T-$，合成转矩 $T=0$。即单相异步电动机的启动转矩为零，不能自行启动。

（2）当 $n>0$ 时，$T>0$；$n<0$ 时，$T<0$，即转向取决于初速度的方向。当外力给转子一个正向的初速度后，就会继续正向旋转；而外力给转子一个反向的初速度时，电机就会反转。

（3）由于转子中存在着方向相反的两个电磁转矩，因此理想空载转速 n_0 小于旋转磁

场的转速 n_1；与同容量的三相异步电动机相比，单相异步电动机额定转速略低，过载能力、效率和功率因数也较低。

（4）启动装置。除电容运转式电动机和罩极式电动机外，一般单相异步电动机在启动结束后辅助绕组都必须脱离电源，以免烧坏。因此，为保证单相异步电动机的正常启动和安全运行，就需配有相应的启动装置。

启动装置的类型有很多，主要可分为离心开关和启动继电器两大类。图 3-15 所示为离心开关结构示意图。离心开关包括旋转部分和固定部分，旋转部分装在转轴上，固定部分装在前端盖内。它利用一个随转轴一起转动的部件——离心块。当电动机转子达到额定转速的 70%～80% 时，离心块的离心力大于弹簧对动触点的压力，使动触点与静触点脱开。从而切断辅助绕组的电源，让电动机的主绕组单独留在电源上正常运行。

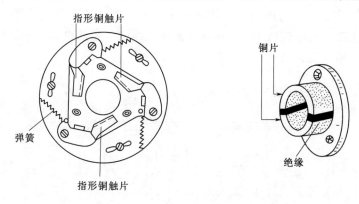

图 3-15　离心开关结构示意图

离心块结构较为复杂，容易发生故障，甚至烧毁辅助绕组。而且开关又整个安装在电机内部，出了问题检修也不方便。故现在的单相异步电动机已较少使用离心开关作为启动装置，转而采用多种多样的启动继电器。启动继电器一般装在电动机机壳上面，维修、检查都很方便。常用的继电器有电压型、电流型、差动型三种，下面分别介绍其工作原理。

1）电压型启动继电器。接线如图 3-16 所示，继电器的电压线圈跨接在电动机的辅助绕组上，常闭触点串联接在辅助绕组的电路中。接通电源后，主绕组、辅助绕组中都有

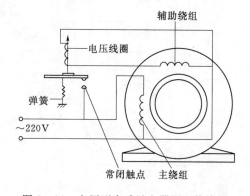

图 3-16　电压型启动继电器原理接线图

电流流过，电动机开始启动。由于跨接在辅助绕组上的电压线圈，其阻抗比辅助绕组大。故电动机在低速时，流过电压线圈中的电流很小。随着转速升高，辅助绕组中的反电动势逐渐增大，使得电压线圈中的电流也逐渐增大，当达到一定数值时，电压线圈产生的电磁力克服弹簧的拉力使常闭触点断开，切除了辅助绕组与电源的连接。由于启动用辅助绕组内的感应电动势，使电压线圈中仍有电流流过，故保持触点在断开位置，从而保证电动机在正常运行时辅助绕组不会接入电源。

2）电流型启动继电器电流型启动。继电器其接线如图 3-17 所示，继电器的电流线圈与电动机主绕组串联，常开触点与电动机辅助绕组串联。电动机未接通电源时，常开触点在弹簧压力的作用下处于断开状态。当电动机启动时，比额定电流大几倍的启动电流流经继电器线圈，使继电器的铁芯产生极大的电磁力，足以克服弹簧压力使常开触点闭合，使辅助绕组的电源接通，电动机启动，随着转速上升，电流减小。当转速达到额定值的 70%～80% 时，主绕组内电流减小。这时继电器电流线圈产生的电磁力小于弹簧压力，常开触点又被断开，辅助绕组的电源被切断，启动完毕。

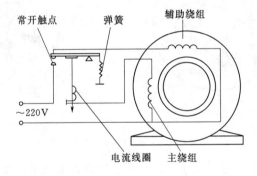

图 3-17　电流型启动继电器原理接线图

3）差动型启动继电器。其接线如图 3-18 所示，差动式继电器有电流和电压两个线

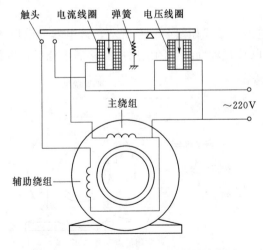

图 3-18　差动型启动继电器原理接线图

圈，因而工作更为可靠。电流线圈与电动机的主绕组串联，电压线圈经过常闭触点与电动机的辅助绕组并联。当电动机接通电源时，主绕组和电流线圈中的启动电流很大，使电流线圈产生的电磁力足以保证触点能可靠闭合。启动以后电流逐步减小，电流线圈产生的电磁力也随之减小。于是电压线圈的电磁力使触点断开，切除了辅助绕组的电源。

第四章

电气识图基本知识

一、电气制图的基本知识

电气图是用来阐述电气工作原理，描述电气产品的构造和功能，并提供产品安装和使用方法的一种简图。主要以图形符号、线框或简化外表来表示电气设备或系统中各有关组成部分的连接方式。它的表达方式有图样、简图、表图、表格和文字形式等。

（1）图样：按比例描述零件或组件的形状、尺寸等的图示形式，如印制板图和结构方式的线扎图。

（2）简图：采用图形符号和带注释的框来表示包括连接线在内的一个系统、设备的多个部件或零件之间关系的图示形式，框图、电路图、功能图均属于简图。

（3）表图：表示可变量、操作或状态之间关系等系统特性的图示形式，比如与电路图配合使用的波形图。

（4）表格：用以说明系统、成套装置或设备中各组成部分的相互关系或连接关系，也可用以提供工作参数，比如接线表、元件表等。

（5）文字形式：一种应用文字的表达形式，例如说明书或说明中的文字等。

电气图主要由图形符号和项目代号组成。图形符号是用于表示一个设备或概念的图形、标记或字符，它一般有符号要素、一般符号、限定符号和方框符号四种基本形式。

（6）符号要素：它与其他图形组合一起构成一个设备或概念的完整符号。

一些简单的符号要素示例如图 4-1 所示。

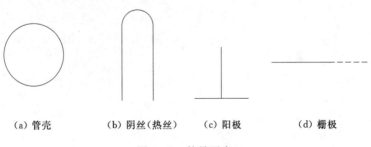

(a) 管壳　　　(b) 阴丝（热丝）　　　(c) 阳极　　　(d) 栅极

图 4-1　符号要素

这些符号要素以不同形式组合，便可构成多种不同的图形符号，如图 4-2 所示。

（7）一般符号：用于表示一般产品及此类产品特征的一种通常很简单的符号；电阻器、电容器的符号表达方式如图 4-3 所示。

（8）限定符号：它与一般符号、方框符号组合，派生出若干具有附加功能的图形符号；在使用可变性限定符号时，应将其与主体符号中心线成 45°布置，限定附加功能的图

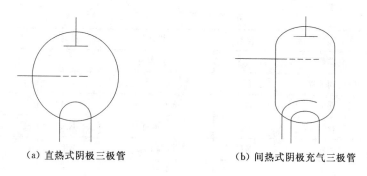

（a）直热式阴极三极管　　　（b）间热式阴极充气三极管

图 4-2　图形符号

形符号示例如图 4-4 所示。

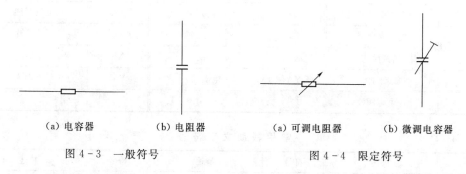

（a）电容器　　　（b）电阻器　　　（a）可调电阻器　　　（b）微调电容器

图 4-3　一般符号　　　　　　　　　图 4-4　限定符号

（9）方框符号：用以表示元件、设备等的组合及其功能，一般使用在单线表示法的图中，如系统图和框图中，由方框符号内带有限定符号以表示对象的功能和系统的组成，如整流器图表符号，由方框符号内带有交流和直流的限定符号以及可变性限定符号组成。

图形符号的使用规则：所有的图形符号均按无电压、无外力作用的正常状态示出；图形符号的大小和图线的宽度一般不影响符号的含义，符号的含义只取决于其形状和内容；图形符号的方位不是强制的，在不改变图形符号的含义或不引起混淆的情况下，可以根据电气图的布线需要，将整个图形符号旋转或镜像放置；图形符号的引出线一般不作为图形符号的组成部分，在不改变符号含义的条件下，引出线位置和画法允许变动，可根据实际情况省略或增补引出线，也可调整引出线的位置方向。

在用图形符号表示一项电气工程或一种电气装置的功能、用途、工作原理、安装和使用方法时还应在其旁标注相应的文字符号、项目代号，用以区别其名称、功能、状态、特征等。

（10）文字符号：以文字的形式表示项目的种类和线路的特征、功能、状态及概念的代号或代码，它由基本文字符号和辅助文字符号组成；基本文字符号是指用以表示电气设备、装置、元件以及线路的基本名称和特性的文字符号；一些常用的基本文字符号见表 4-1。

辅助文字符号是指用以表示电气设备、装置、元器件以及线路的功能、状态和特征的文字符号，一些常用辅助文字符号见表 4-2。

表 4 - 1　　　　　　　　　　　　　　**常 用 基 本 文 字 符 号**

符号	描述	符号	描述	符号	描述
C	电容器	EH	发热器件	EL	照明电
EV	空气调节器	FU	熔断器	FV	限压保护器件
GS	同步发电机	GA	异步发电机	GB	蓄电池
HA	报警器	HL	指示灯	KA	过流继电器
KM	接触器	KR	热继电器	KT	延时继电器
L	电感器	M	电动机	MS	同步电动机
MT	力矩电动机	PA	电流表	PJ	电度表
PS	记录仪表	PV	电压表	QF	断路器
QM	电动机保护开关	QS	隔离开关	TA	电流互感器
TC	电源互感器	TV	电压互感器	XB	连接片
XJ	测试插孔	XP	插头	XS	插座
XT	端子排	YA	电磁铁	YM	电动阀
YV	电磁阀				

表 4 - 2　　　　　　　　　　　　　　**常 用 辅 助 文 字 符 号**

符号	描述	符号	描述	符号	描述
A	电流、模拟	AC	交流	AUT	自动
ACC	加速	ADD	附加	ADJ	可调
AUX	辅助	ASY	异步	BRK	制动
BK	黑	BL	蓝	BW	向后
C	控制	CW	顺时针	CCW	逆时针
D	延时、数字	DC	直流	DEC	减
E	接地	EM	紧急	F	快速
FB	反馈	FW	向前	GN	绿
H	高	IN	输入	INC	增
IND	感应	L	低、限制	LA	闭锁
M	主、中间线	MAN	手动	N	中性线
OFF	断开	ON	闭合	OUT	输出
P	压力、保护	PE	保护接地	PU	不接地保护
R	记录、反	RD	红	RST	复位
RES	备用	RUN	运行	S	信号
ST	启动	SET	置位、定位	SAT	饱和
STE	步进	STP	停止	SYN	同步
T	温度、时间	TE	无干扰接地	V	速度、电压、真空
WH	白	YE	黄		

文字符号的使用规则：基本文字符号不得超过 2 个字母，辅助文字符号一般不得超过 3 个字母；字符号采用拉丁字母的正体、大写。

在电气图中，用图形符号表示的基本件、部件、组件、功能单元、设备和系统统称为项目，而项目代号是指用以识别图、图表、表格中和设备上的项目种类，并提供项目的层次关系和实际位置等信息的一种特定代码，一个完整的项目代号由高层代号、位置代号、种类代号、端子代号组成。

（11）高层代号：系统或项目中任何较高层次的代号，前缀符号为"＝"。例如，主动传动装置可用＝P 表示。

（12）位置代号：表示某个项目在组件、设备、系统或者建筑物中实际位置的一种代号，前缀符号："＋"。例如，某项目在 108 室 A 排开关柜第 8 号开关柜上，位置代号为 ＋108＋A＋6，简化为＋108A6。

（13）种类代号：用以识别项目种类的代号称为种类代号，项目种类是指将各种各样的电气元件、器件或装置设备等，按其结构和在电路中的作用进行分类，相近的项目视为同类，用一个字母代码表示，前缀符号为"−"。例如，−K5 表示第 5 号继电器。

（14）端子代号：用来与外电路进行电气连接的电气导电件的代号称为端子代号，前缀符号为"："。例如，−QF1：3 表示断路器 1 的 3 号端子。

标注项目代号的注意事项：项目代号的标注应尽量靠近图形符号。当图线水平布局时，项目代号一般标注在图形符号上方；图线垂直布局时，项目代号一般标注在图形符号左边；图框的项目代号标注在图框的上方或右方；项目代号中的端子代号标注在端子位置或端子旁边。

二、电气图设计规范和常用表示方法

电气图纸幅面、标题栏、字体、比例、尺寸标注等应符合 GB/T 10609—2008《技术制图》国家标准的相应规范，在此小节只简要介绍有关电气制图方面的特有规则和标准。

1. 图线

国家标准规定的基本线型共有 15 种形式，绘图时常用到的见表 4−3。

表 4−3　　　　　　　　　　图 线 种 类 及 其 应 用

图线名称	图线型式	一 般 用 途
粗实线	——————————	可见轮廓线、可见棱边线、相贯线、电气线路、一次线路
细实线	——————————	过渡线、尺寸线、尺寸界线、指引线、剖面线、重合断面的轮廓线、二次线路
虚线	− − − − − − − − − −	辅助线、屏蔽线、机械连接线、不可见轮廓线、不可见导线
点画线	—·—·—·—·—·—	分界线、结构图框线、功能图框线、分组图框线、信号线

技术制图中有粗线、中粗线、细线之分，其宽度比率为 4：2：1，图线的宽度宜从下列数系中选取：0.13、0.18、0.25、0.35、0.5、0.7、1、1.4、2.0（单位均为 mm），在机械制图中只采用粗、细两种线宽，其宽度比率为 2：1，其中粗线宽度可在表 4-4 中选择，优先采用 0.5mm 和 0.7mm 线宽。

表 4-4　　　　　　　　　　　　　　线　宽　组　　　　　　　　　　　单位：mm

粗线的宽度系列	0.25	0.35	0.5	0.7	1	1.4	2.0
对应细线的宽度系列	0.13	0.18	0.25	0.35	0.5	0.7	1

图线画法所需注意事项：在同一张图纸内，同类图线的宽度应基本一致；相互平行的图线（包括剖面线），其间隙不宜小于其中的粗线宽度，且不宜小于 0.7mm；虚线、点画线及双点画线的线段长度和间隔应大致相等；单点长画线或双点长画线在较小图形中绘制有困难时，可用实线代替；点画线与点画线或者点画线与其他图线相交时，应该是画相交，而不应是点或间隔的相交；绘制圆的对称中心线时，圆心应为画的交点；单点画线和双点画线的首末两端应是画而不是点；在较小的图形上绘制点画线或双点画线有困难时，可用细实线代替；虚线、点画线与其他图线相交（或同种图线相交）时，都应以画相交；当虚线是粗实线的延长线时，粗实线应画到分界点，而虚线应以间隔与之相连；图形的对称中心线、回转体轴线等的细点画线，一般要超出图形外 2～5mm；图线不得与文字、数字或符号重叠、混淆，不可避免时，应首先保证文字等的清晰。

2. 箭头和指引线

电气图中箭头有两种形式：开口箭头表示电气连接上能量或信号的流向，如图 4-5（a）所示；实心箭头表示力、运动、可变性方向，如图 4-5（b）所示。

（a）开口箭头　　　　（b）实心箭头

图 4-5　箭头

指引线主要是用于指示注释的对象，其末端指向被注释处，并在其末端加注以下标记：若指在轮廓线内，用黑点表示，如图 4-6（a）所示；若指在轮廓线上，用箭头表示，如图 4-6（b）所示；若指在电气线上，用一短线表示，如图 4-6（c）所示。

（a）黑点　　　　　　（b）箭头　　　　　　（c）短线

图 4-6　指引线

3. **电气图中连接线的表示方法**

连接线是用来表示设备中各组成部分或元器件之间的连接关系的直线，如电气图中的导电缆线、信号通路及元器件、设备的引线等。连接线一般采用实线绘制；无线电信号通路一般采用虚线绘制。一般的图线就可以表示单根导线，一般而言，电源主电路、一次电路、主信号通路等采用粗线表示；控制回路、二次回路等用细线表示。对于多根导线，可以分别画出，也可以只画一根图线，但需加标志：当用单线表示一组导线时，若需示出导线根数，可加小短斜线表示；若导线少于4根，可用短斜线数量代表根数，如图4-7（a）所示，若多于4根，可在短斜线旁加数字表示，如图4-7（b）所示。

(a) (b)

图4-7 连接线

表示导线特征的方法是：在横线上面标出电流种类、配电系统、频率和电压等；在横线下面标出电路的导线数乘以每根导线截面积，当导线的截面不同时，可用"＋"将其分开，如图4-8所示。

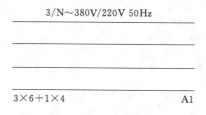

3/N～380V/220V 50Hz

3×6+1×4 A1

图4-8 导线

为了表示连接线的功能和去向，可在水平连接线的上方、垂直连接线的左边或连接线段开处和中断处做信号名标记，为了更方便理解图的内容，还可在连接线上标出含有信号特性的信息，如波形、传输速度等各种表示，如图4-9所示。

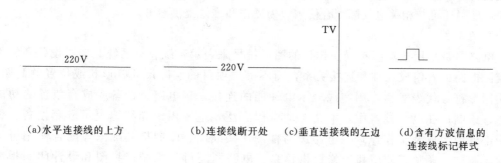

(a)水平连接线的上方   (b)连接线断开处   (c)垂直连接线的左边   (d)含有方波信息的
                                                              连接线标记样式

图4-9 连接线的标记

连接线接点的表示方法为，若两条连接线十字交叉连接时，只有用连接点才表示两者具有连接关系，如图4-10（a）所示；如果交叉处没有连接点则表示两线跨接，如图4-

10（b）所示。当两线 T 形连接时，无论交叉处有无连接点都表示两者具有连接关系，如图 4 - 10（c）所示。

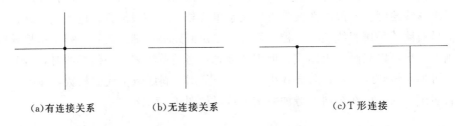

(a)有连接关系　　　(b)无连接关系　　　(c)T形连接

图 4 - 10　连接线接点表示方法

连接线的连续表示方法：为了避免线条太多，以保持图面的清晰，对于多条去向相同的连接线，常采用单线表示法。多根平行连接线采用一根图线表示；连接线两端位置不同时，则两端编号建立对应关系。具体表示方法如图 4 - 11 所示。

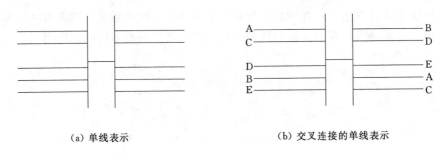

(a) 单线表示　　　　　　　(b) 交叉连接的单线表示

图 4 - 11　连接线的连续表示方法

三、电气图的一些基本分类

1. 框图

框图是用方框符号表示的、用单线法所绘制，表示系统、分系统、装置设备和软件中各项目之间关系和连接的简图。它可大略地描述项目的基本组成和相互关系，用于了解系统或设备的总体概貌和简要的工作原理，为进一步编制详细技术文件提供依据。在实际应用中，框图还可与相关电气图配合使用，为操作和维修提供参考。

2. 电路图

电路图是采用按功能布局法排列的图形符号来表示系统、分系统、装置设备和软件等实际电路的各组成元件和连接关系，而不考虑项目的实际尺寸、形状或位置的简图。它用图形符号代表实物，用实线表示电性能的连接，按电路、设备或成套装置的功能和原理绘制；在电气技术中，电路图的应用广泛，主要用于详细地表示成套设备、整机或部件的组成及工作原理。电路图与框图、接线图、印制板装配图等配合使用可为装接、测试、调整、使用和维修提供信息。电路图还可为编制接线图和设计印制板图提供依据。

3. 接线图和接线表

接线图和接线表是分别用简图和表格的形式所给出、反映电气装置或设备之间及其内部独立结构单元之间实际连接关系的连接文件。接线图和连接表可以单独使用，也可以组合使用。一般以接线图为主，接线表给予补充。接线表和接线图是在电路图、位置图等图的基础上绘制和编制出来的。主要用以电气设备及电气线路的安装接线、线路检查、维修和故障处理。在实际工作中，接线图和接线表常与电路图、位置图配合使用。

第五章

电气传动基本环节

第一节 低压电器基础知识

凡是对电能的生产、输送、分配和应用能起到切换、控制、调节、检测以及保护等作用的电工器械，均称为电器。低压电器通常是指在交流 1200V 及以下、直流 1500V 及以下的电路中使用的电器。

一、低压电器的分类

生产机械上大多用低压电器。低压电器种类繁多，按其结构、用途及所控制对象的不同，可以有不同的分类方式。

（1）按用途和控制对象不同，可将低压电器分为配电电器和控制电器。用于电能的输送和分配的电器称为低压配电电器，这类电器包括刀开关、转换开关、空气断路器和熔断器等。用于各种控制电路和控制系统的电器称为控制电器，这类电器包括接触器、启动器和各种控制继电器等。

（2）按操作方式不同，可将低压电器分为自动电器和手动电器。通过电器本身参数变化或外来信号（如电、磁、光、热等）自动完成接通、分断、启动、反向和停止等动作的电器称为自动电器。常用的自动电器有接触器、继电器等。

通过人力直接操作来完成接通、分断、启动、反向和停止等动作的电器称为手动电器。常用的手动电器有刀开关、转换开关和主令电器等。

（3）按工作原理可分为电磁式电器和非电量控制电器。电磁式电器是依据电磁感应原理来工作的电器，如接触器、各类电磁式继电器等。非电量控制电器的工作是靠外力或某种非电量的变化而动作的电器，如行程开关、速度继电器等。

二、低压电器的作用

低压电器的作用包括：控制作用、保护作用、测量作用、调节作用、指示作用、转换作用。

三、低压电器的基本结构

电磁式低压电器大都有两个主要组成部分，①感测部分——电磁机构；②执行部分——触头系统。

1．电磁机构

电磁机构的主要作用是将电磁能量转换成机械能量，带动触头动作，从而完成接通或分断电路的功能。

电磁机构由吸引线圈、铁芯和衔铁三个基本部分组成。常用的电磁机构如图 5-1 所示，可分为三种形式。

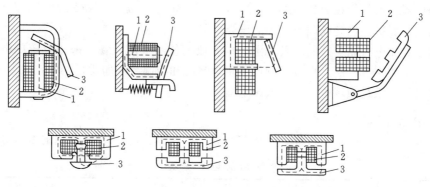

图 5-1　常用的电磁机构

1—铁芯；2—线圈；3—衔铁

2. 直流电磁铁和交流电磁铁

按吸引线圈所通电流性质的不同，电磁铁可分为直流电磁铁和交流电磁铁。

直流电磁铁由于通入的是直流电，其铁芯不发热，只有线圈发热，因此线圈与铁芯接触以利散热，线圈做成无骨架、高而薄的瘦高型，以改善线圈自身散热。铁芯和衔铁由软钢和工程纯铁制成。

交流电磁铁由于通入的是交流电，铁芯中存在磁滞损耗和涡流损耗，线圈和铁芯都发热，所以交流电磁铁的吸引线圈有骨架，使铁芯与线圈隔离并将线圈制成短而厚的矮胖形，以利于铁芯和线圈的散热。铁芯用硅钢片叠加而成，以减小涡流。

当线圈中通以直流电时，气隙磁感应强度不变，直流电磁铁的电磁吸力为恒值。当线圈中通以交流电时，磁感应强度为交变量，交流电磁铁的电磁吸力 F 为 0（最小值）$\sim F_m$（最大值）。在一个周期内，当电磁吸力的瞬时值大于反力时，衔铁吸合；当电磁吸力的瞬时值小于反力时，衔铁释放。所以电源电压每变化一个周期，电磁铁吸合两次、释放两次，使电磁机构产生剧烈的振动和噪声，因而不能正常工作。

3. 触头系统

触头是电器的执行部分，起接通和分断电路的作用。

触头主要有两种结构形式：桥式触头和指形触头，具体如图 5-2 所示。

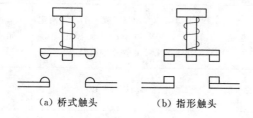

（a）桥式触头　　　（b）指形触头

图 5-2　触头系统示意图

4. 灭弧装置

在大气中分断电路时，电场的存在使触头表面的大量电子溢出从而产生电弧。电弧一经产生，就会产生大量热能。电弧的存在既烧蚀触头金属表面，降低电器的使用寿命，又延长了电路的分断时间，所以必须迅速把电弧熄灭。

低压电器一般是指在交流 50Hz、额定电压 1200V、直流额定电压 1500V 及以下的电路中起通断、保护、控制或调节作用的电器产品。

在大多数用电行业及人们的日常生活中一般都使用低压设备，采用低压供电。因此，低压电器的应用十分广泛，直接影响低压供电系统和控制系统的质量。本章主要介绍用于电力拖动及控制系统领域中的常用低压电器。

四、常见的电器分类

电器的用途广泛，功能多样，种类繁多，结构各异。表 5-1 是常用的电器分类。

表 5-1　　　　　　　　　　　　常 用 的 电 器 分 类

分　类	项　目	说　明	举　例
按用途分类	控制电器	用于各种控制电路和控制系统	如接触器、继电器、电动机、启动器等
	主令电器	用于自动控制中发送动作指令	如按钮、行程开关、万能转换开关等
	保护电器	用于保护电路及用电设备的电器	如熔断器、热继电器、各种保护继电器、避雷器等
	执行电器	用于完成某种动作或传送功能的电器	如电磁铁、电磁离合器等
	配电电器	用于电能的输送和分配的电器	如高压断路器、隔离开关、刀开关、低压断路器等
按动作原理分类	手动电器	用手或依靠机械力进行操作的电器	如手动开关、控制按钮、行程开关等主令电器
	自动电器	借助于电磁力或某个物理量的变化自动进行操作的电器	如接触器、各种类型的继电器、电磁阀等
按工作电压等级分类	高压电器	用于交流电压 1200V、直流电 1500V 及以上电路中的电器	如高压断路器、高压隔离开关、高压熔断器
	低压电器	用于交流 50Hz（或 60Hz），额定电压 1200V 以下；直流额定电压 1500V 及以下电路中的电器	如接触器、继电器
按工作原理分类	电磁式电器	依据电磁感应原理工作	如接触器、各种类型的电磁继电器
	非电量控制电器	依靠外力或某种分点亮物理量的变化而动作	如刀开关、行程开关、按钮、速度继电器、温度继电器等

当然，低压电器的作用远不止这些，随着科学技术的发展，新功能、新设备会不断出现，下面介绍一些常用低压电器的功能和用途。

五、低压电器的正确选用原则

我国在电力拖动和传输系统中主要使用的低压电器元件，据不完全统计，目前大约生产120多个系列近600个品种，上万个规格。这些开关电器具有不同的用途和不同的使用条件，因而相应的就有不同的选用办法。但是总得要求遵循以下两个基本原则。

（1）安全原则：使用安全可靠是对任何开关电器的基本要求，保证电路和用电设备的可靠运行，是使生产和生活得以正常运行的重要保障。

（2）经济原则：经济性考虑有可分开关电器本身的经济价值和使用开关电器的价值。前者要求选择的合理、适用；后者则考虑在运行时必须可靠，而不致因故障造成停产或损坏设备，设计人身安全等构成的经济损失。

第二节　常用低压电气设备介绍

一、开关

开关是最普遍、使用最早的电器。其作用是分合电器、开断电流。常用的有刀开关、隔离开关、负荷开关、转换开关（组合开关）、低压断路器等。

开关有有载运行操作，无载运行操作、选择性运行操作之分，又有正面操作、侧面操作、背面操作之分，还有不带灭弧装置和带灭弧装置之分。刀口接触面面接触和线接触两种，线接形式下的刀片容易插入，接触电阻小，制造方便。开关厂采用弹簧片以保证良好接触。

1. 低压刀开关

常用的刀开关外形如图所示。刀开关的外形和文字符号如图5-3所示。

刀开关是手动开关中最简单的一种，主要用作电源隔离开关，也可用来非频繁的接通和分断容量较小的低压配电线轮。接线时应将电源线接下上端，负载接在下端，这样拉闸后刀片与电源隔离，可防止意外事故的发生。

（a）外形　　　　　　　　　　　　　　　（b）文字符号

图5-3　刀开关外形图

刀开关是手动开关中最简单的一种，主要用作电源隔离开关，也可用来非频繁的接通和分断容量较小的低压配电线路。接线时应将电源线接在上端，负载接在下端，这样拉闸后刀片与电源隔离，可防止意外事故的发生。

刀开关选择时应考虑以下两个方面：

（1）选择刀开关结构形式。应根据刀开关的作用和装置的安装形式来选择，如是否带灭弧装置，若分断负载电流时，应选择带灭弧装置的开关。再如是正面、背面或侧面操作形式，是直接操作还是杠杆传动，是板前接线还是板后接线的结构形式。

（2）选择刀开关的额定电流。一般等于或大于所分断电路中负载额定电流的综合。对于电动机负载，应考虑其启动电流，所以应选择额定电流大一级的刀开关。若在考虑电路出现的短路电流，还应选用额定电流更大一级的刀开关。

2. 低压断路器

低压断路器也称为自动空气开关，可用来接通和分断负载电路，也可用来控制不频繁启动的电动机。低压断路器具有多种保护功能（过载、短路、欠电压保护等）、动作值可调、分断能力高、操作方便、安全等优点，是低压配电网中一种重要的保护电器，目前被广泛应用。

（1）结构和工作原理。低压断路器有操作机构、出点、保护装置（各种脱扣器）、灭弧系统等组成。低压断路器外形如图 5 - 4 所示，低压断路器工作原理如图 5 - 5 所示。

图 5 - 4　低压断路器外形

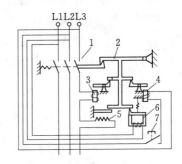

图 5 - 5　低压断路器工作原理
1—主触点；2—自由脱扣机构；3—过电流脱扣器；
4—分励脱扣器；5—热脱扣器；6—欠电压脱
扣器；7—停止按钮

低压断路器的主触点是靠手动操作或电动合闸的。主触点闭合后，自由脱扣机构将主触点锁在合闸位置上。过电流脱扣器的线圈和热脱扣器的热元件与主电路串联，欠电压脱扣器的线圈和电源并联。当电路发生短路或严重过载时，过电流脱扣器的衔铁吸合，使自由脱扣机构动作，主触点断开主电路。当电路过载时，热脱扣器的热元件发热使双金属片上弯曲，推动自由脱扣机构动作。当电路欠电压时，欠电压脱扣器的衔铁释放，也使自由脱扣机构动作。分励脱扣器则作为远距离控制用，在正常工作时其线圈是断电的，在需要远距离控制时，按下启动按钮，使线圈通电，衔铁带动自由脱扣机构动作，使主触点断开。

（2）低压断路器分类。低压断路器主要是以结构形式分类，分为开启式和装置式两种。开启式又称为框架式或万能式，装制式又称为塑料壳式。

1）装置式断路器。装置式断路器有结缘塑料外壳，内装触点系统、灭弧室及脱扣器等，可手动或电动（对大容量断路器而言）合闸。有较高的分断能力和动稳定性，有较完善的选择性保护功能，广泛用于配电线路。

2）框架式低压断路器。框架式断路器一般容量较大，具有较高的短路能力和较高的动稳定性。适用于交流 50Hz，额定电流 380V 的配电网络中作为配电干线的主保护。

（3）低压断路器的选用原则如下：

1）根据线路对保护的要求确定断路器的类型和保护形式，确定选用框架式、装置式或限流式等。

2）断路器的额定电压 U_n 应等于或大于被保护线路的额定电压。

3）断路器欠压脱扣器额定电压等于被保护线路的额定电压。

4）断路器的额定电流及过流脱扣器的额定电流应大于或等于被保护线路的计算电流。

5）断路器的极限分断能力应大于线路的最大短路电流有效值。

6）配电线路中上、下级断路器的保护特性应协调配合，下级的保护特性应位于上级保护特性的下方且不相交。

7）断路器的长延时脱口电流应小于导线允许的持续电流。

二、熔断器

熔断器是一种简单而有效的保护电器。在电路中主要起短路保护作用。熔断器主要由熔体和安装熔体的绝缘管（绝缘座）组成。使用时，熔体串接于被保护电路中，当电路发生短路故障时，熔体被瞬间熔断而分断电路，起到保护作用。

（1）插入式熔断器。它常用于 380V 及以下电压等级的线路末端，作为配电支线或电气设备的短路保护作用，如图 5-6 所示。

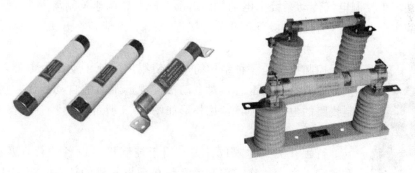

图 5-6 插入式熔断器

（2）螺旋式熔断器。熔体的上端有一个熔断指示器，一旦熔体熔断，指示器马上弹出，可透过瓷帽上的玻璃孔观察到，它常用于机床电气控制设备中，分断电流大，可用于电压等级 500V 及其以下、电流等级 200A 以下的电路中，做短路保护，螺旋式熔断器的外形如图 5-7 所示。

（3）封闭式熔断器。封闭式熔断器分有填料熔断器和无调料熔断器两种，有填料熔断器一般用于方形瓷管，内装有石英砂及熔体，分断能力强，用于电压等级 500V 以下、电流等级 1kA 以下的电路中。无填料密封式熔断器将熔体装入密封式圆筒中，分断能力稍小，用于电压 500V 以下、电流 600A 以下的电力网或配电网中。

（4）快速熔断器。它主要用于半导体整流元件或整流装置的短路保护。由于半导体元

图 5-7　螺旋式熔断器的外形图

件的过载能力很低，只能在极短时间承受较大的过载电流，因此，要求短路保护具有快速熔断的能力。快速熔断器的结构和有填料封闭式熔断器基本相同，但熔体材料和形状不同，它是以银片冲制的有 V 形深槽的变截面熔体。

（5）自复熔断器。采用金属钠做熔体，在常温下具有高电导率。当电路发生短路事故时，短路电流产生高温使钠迅速汽化，汽态钠呈现高阻态，从而限制了短路电流。当短路电流消失后，温度下降，金属钠恢复原来的良好导电性能。自复熔断器只能限制短路电流，不能真正分断电路。其优点是不必更换熔体，能重复使用。

三、主令电器

控制系统中，主令电器是一种专门发布命令、直接或电磁继电器间接作用于控制电路的电器。常用来控制电气传动系统中电动机的启动、停车、调速及制动等。

常用的主令电器有控制按钮、行程开关、接近开关、万能转换开关、主令控制电器。

1. 按钮

控制按钮是一种结构简单、使用广泛地手动指令电器，它可以与接触器或继电器配合，对电动机实现远距离的自动控制，用于实现控制线路的电气连锁，常见外形如图 5-8 所示。

2. 行程开关

行程开关又称限位开关，用于控制机械设备的行程及限位保护。在实际生产中，将行程开关安装在预先安排的位置，当装于生产机械运动部件上的模块撞击行程开关时，行程开关的触点动作实现电路的切换。因此，行程开关是一种根据运动部件的行程位置而切换电路的

图 5-8　控制按钮

电器，它的作用原理与按钮类似。行程开关按其结构可分为直动式、滚轮式和微动式，外形及结构原理如图 5-9 所示。

3. 接近开关

接近式位置开关是一种非接触式的位置开关，简称接近开关。它由感性头、高频振荡器、放大器和外壳组成。当运动部件与接近开关的感应头接近时，就使其输出一个电信号。

4. 万能转换开关

万能转换开关是一种多档次、控制多回路的主令电器，如图 5-10 所示。万能转换器

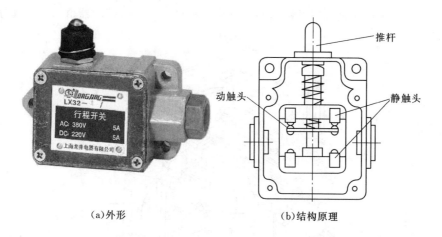

（a）外形　　　　　　　　（b）结构原理

图 5-9　行程开关

主要用于控制线路的转换、电压表、电流表的换相测量控制、配电装置线路的转换和遥控等。万能转换开关还可以用于直接控制小容量电动机的启动、调速和换向。

5. 主令控制器

主令控制器是一种频繁对电路进行接通和切断的电器。通过它的操作，可以对控制电路发布命令，与其他电路连锁或切换。常配合电磁启动器对绕线转子异步电动机的启动、控制、调速及换向实行远距离控制，广泛应用于各类起重机械的拖动电动机的控制系统中。

图 5-10　万能转换开关

四、接触器

接触器是一种用来自动接通或断开大电流电路的电器。它可以频繁地接通或分断交流电路，并可远距离控制。其主要控制对象是电动机，也可用于电热设备、电焊机、电容器组等其他负载。它还具有欠电压释放保护功能，接触器具有控制容量大、过载能力强、寿命长等特点，是电气传动自动控制线路中使用最广泛的电器元件。

接触器的符号。接触器图形符号如图 5-11 所示，文字符号 KM。

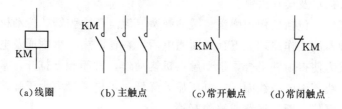

（a）线圈　　　（b）主触点　　　（c）常开触点　　（d）常闭触点

图 5-11　接触器的图形符号

按照所控制电路的种类，接触器可分为交流接触器和直流接触器两大类。

1. 交流接触器

交流接触器结构与工作原理。

121

如图 5 - 12 所示为交流接触器的外形与结构示意图。交流接触器由以下四部分组成：

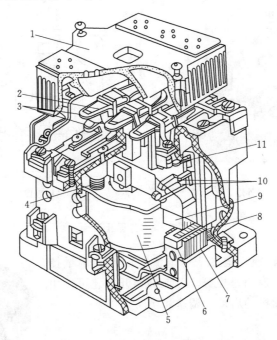

图 5 - 12　CJ10 - 20 型交流接触器
1—灭弧罩；2—触点压力弹簧片；3—主触点；4—反作用弹簧；
5—线圈；6—短路环；7—静铁芯；8—弹簧；9—动铁芯；
10—辅助常开触点；11—辅助常闭触点

（1）电磁机构：电磁机构由线圈、动铁芯（衔铁）和静铁芯组成，其作用是将电磁能转换成机械能，产生电磁吸力带动触点动作。

（2）触点系统包括主触点和辅助触点。主触点用于通断主电路，通常为三对常开触点。辅助触点用于控制电路，起电气联锁作用，故又称联锁触点，一般常开、常闭各两对。

（3）灭弧装置：容量在 10A 以上的接触器都有灭弧装置，对于小容量的接触器，常采用双断口触点灭弧、电动力灭弧、相间弧板隔弧及陶土灭弧罩灭弧。对于大容量的接触器，采用纵缝灭弧罩及栅片灭弧。

（4）其他部件：包括反作用弹簧、缓冲弹簧、触点压力弹簧、传动机构及外壳等。

电磁式接触器的工作原理如下：线圈通电后，在铁芯中产生磁通及电磁吸力。此电磁吸力克服弹簧反力使得衔铁吸合，带动触点机构动作，常闭触点打开，常开触点闭合，互锁或接通线路。线圈失电或线圈两端电压显著降低时，电磁吸力小于弹簧反力，使得衔铁释放，触点机构复位，断开线路或解除互锁。

2. 交流接触器的分类及基本参数

交流接触器的种类很多，其分类方法也不尽相同。按照一般的分类方法，大致有以下几种。

（1）按主触点极数分。交流接触器可分为单极、双极、三极、四极和五极接触器。单极接触器主要用于单相负荷，如照明负荷、焊机等，在电动机能耗制动中也可采用；双极接触器用于绕线式异步电机的转子回路中，启动时用于短接启动绕组；三极接触器用于三相负荷，例如在电动机的控制及其他场合，使用最为广泛；四极接触器主要用于三相四线制的照明线路，也可用来控制双回路电动机负载；五极交流接触器用来组成自耦补偿启动器或控制双笼型电动机，以变换绕组接法。

（2）按灭弧介质分。交流接触器可分为空气式接触器、真空式接触器等。依靠空气绝缘的接触器用于一般负载，而采用真空绝缘的接触器常用在煤矿、石油、化工企业及电压在 660V 和 1140V 等一些特殊的场合。

（3）按有无触点分。交流接触器可分为有触点接触器和无触点接触器。常见的接触器多为有触点接触器，而无触点接触器属于电子技术应用的产物，一般采用晶闸管作为回路的通断元件。由于可控硅导通时所需的触发电压很小，而且回路通断时无火花产生，因而可用于高操作频率的设备和易燃、易爆、无噪声的场合。

3. 交流接触器的基本参数

（1）额定电压。额定电压指主触点额定工作电压，应等于负载的额定电压。一只接触器常规定几个额定电压，同时列出相应的额定电流或控制功率。通常，最大工作电压即为额定电压。常用的额定电压值为 220V、380V、660V 等。

（2）额定电流。额定电流指接触器触点在额定工作条件下的电流值。380V 三相电动机控制电路中，额定工作电流可近似等于控制功率的两倍。常用额定电流等级为 5A、10A、20A、40A、60A、100A、150A、250A、400A、600A。

（3）通断能力。通断能力可分为最大接通电流和最大分断电流。最大接通电流是指触点闭合时不会造成触点熔焊时的最大电流值；最大分断电流是指触点断开时能可靠灭弧的最大电流。一般通断能力是额定电流的 5～10 倍。当然，这一数值与开断电路的电压等级有关，电压越高，通断能力越小。

（4）动作值。动作值可分为吸合电压和释放电压。吸合电压是指接触器吸合前，缓慢增加吸合线圈两端的电压，接触器可以吸合时的最小电压。释放电压是指接触器吸合后，缓慢降低吸合线圈的电压，接触器释放时的最大电压。一般规定，吸合电压不低于线圈额定电压的 85%，释放电压不高于线圈额定电压的 70%。

（5）吸引线圈额定电压。吸引线圈额定电压接触器正常工作时，吸引线圈上所加的电压值。一般该电压数值以及线圈的匝数、线径等数据均标于线包上，而不是标于接触器外壳铭牌上，使用时应加以注意。

（6）操作频率。接触器在吸合瞬间，吸引线圈需消耗比额定电流大 5～7 倍的电流，如果操作频率过高，则会使线圈严重发热，直接影响接触器的正常使用。为此，规定了接触器的允许操作频率，一般为每小时允许操作次数的最大值。

（7）寿命。寿命包括电寿命和机械寿命。目前接触器的机械寿命已达一千万次以上，电气寿命是机械寿命的 5%～20%。

4. 接触器的符号与型号说明

（1）接触器的符号。接触器的图形符号如图 5 - 13 所示，文字符号为 KM。

（2）接触器的型号说明。例如，CJ10Z - 40/3 为交流接触器，设计序号 10，重任务

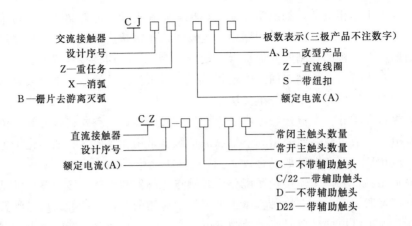

图 5-13 接触器的图形符号

型，额定电流 40A 主触点为 3 极；CJ12T-250/3 为改型后的交流接触器，设计序号 12，额定电流 250A，3 个主触点。

我国生产的交流接触器常用的有 CJ10、CJ12、CJX1、CJ20 等系列及其派生系列产品，CJ0 系列及其改型产品已逐步被 CJ20、CJX 系列产品取代。上述系列产品一般具有三对常开主触点，常开、常闭辅助触点各两对。直流接触器常用的有 CZ0 系列，分单极和双极两大类，常开、常闭辅助触点各不超过两对。

除以上常用系列外，我国近年来还引进了一些生产线，生产了一些满足 IEC 标准的交流接触器，下面做一简单介绍。

CJ12B-S 系列锁扣接触器用于交流 50Hz，电压 380V 及以下、电流 600A 及以下的配电电路中，供远距离接通和分断电路用，并适宜于不频繁地启动和停止交流电动机。具有正常工作时吸引线圈不通电、无噪声等特点。其锁扣机构位于电磁系统的下方。锁扣机构靠吸引线圈通电，吸引线圈断电后靠锁扣机构保持在锁住位置。由于线圈不通电，不仅无电力损耗，而且消除了磁噪声。

由德国引进的西门子公司的 3TB 系列、BBC 公司的 B 系列交流接触器等具有 80 年代初水平。它们主要供远距离接通和分断电路，并适用于频繁地启动及控制交流电动机。3TB 系列产品具有结构紧凑、机械寿命和电气寿命长、安装方便、可靠性高等特点。额定电压为 220~660V，额定电流为 9~630A。

5. 接触器的选用步骤

交流接触器的选用，应根据负荷的类型和工作参数合理选用。具体分为以下步骤：

(1) 选择接触器的类型。交流接触器按负荷种类一般分为一类、二类、三类和四类，分别记为 AC1、AC2、AC3 和 AC4。一类交流接触器对应的控制对象是无感或微感负荷，如白炽灯、电阻炉等；二类交流接触器用于绕线式异步电动机的启动和停止；三类交流接触器的典型用途是鼠笼型异步电动机的运转和运行中分断；四类交流接触器用于笼型异步电动机的启动、反接制动、反转和点动。

(2) 选择接触器的额定参数。根据被控对象和工作参数如电压、电流、功率、频率及工作制等确定接触器的额定参数。

五、继电器

继电器是一种根据电量或非电量的变化，来接通或分断小电流电路，实现自动控制和保护电力拖动装置的电器（图5-14）。

图5-14 继电器外形图

1. 继电器的分类

（1）按用途可分为控制继电器和保护继电器。其中，热继电器、过电流继电器、欠电压继电器属于保护继电器。时间继电器、速度继电器、中间继电器属于控制继电器。

（2）按工作原理可分为电磁式继电器、感应式继电器、热敏式继电器、机械式继电器、电动式继电器和电子式继电器等。

（3）按反应的参数（动作信号）可分为电流继电器、电压继电器、时间继电器、速度继电器、压力继电器等。

（4）按动作时间可分为瞬时继电器（动作时间小于0.05s）和延时继电器（动作时间大于0.15s）。

（5）按输出形式可分为有触点式继电器和无触点式继电器。

在电力拖动系统中，应用最多、最广泛的是电磁式继电器。

2. 电磁式继电器

电磁式继电器的结构和工作原理与接触器相同，它由电磁机构和触头系统组成，外形和结构如图5-15所示。按吸引线圈电流分类：直流电磁式继电器和交流电磁式继电器。按在电路中的作用分类：中间继电器、电流继电器和电压继电器。

（1）电压继电器。反映输入量为电压的继电器叫电压继电器。电压继电器的线圈并联在被测量的电路中，根据线圈两端电压的大小而接通或断开电路。电压继电器分为过电压继电器、欠电压继电器和零电压继电器，常见文字符号如图5-16所示。

按吸合电压的大小，电压继电器可分为过电压继电器和欠电流继电器。

1）过电压继电器（KV）用于线路的过压保护，其吸合整定值为被保护线路额定电压的1.05～1.2倍。当被保护线路电压正常时，衔铁不动作；当被保护线路电压高于额定值，达到过电压继电器的额定值时，衔铁吸合，触点机构动作，控制电路失电，控制接触器及时分断被保护电路。

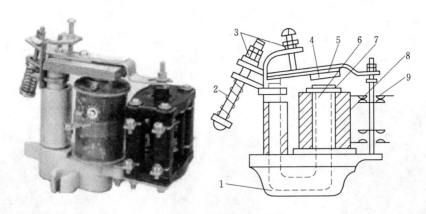

图 5-15 电磁式继电器的外形及结构图

1—底座；2—反作用弹簧；3—调节螺钉；4—非磁性垫片；5—衔铁；
6—铁芯；7—极靴；8—线圈；9—触头

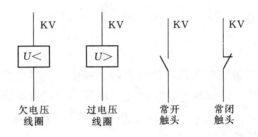

图 5-16 电压继电器图形文字符号

2）欠电压继电器（KV）用于线路的欠电压保护，其释放整定值为线路额定电压的 0.1～0.6 倍。当被保护线路电压正常时，衔铁可靠吸合；当被保护线路电压降至欠电压继电器的释放整定时，衔铁释放，触点机构复位，控制接触器及时分断被保护电路。

电压继电器的选用，主要根据继电器线圈的额定电压、触头的数目和种类进行。电压继电器的结构、工作原理及安装使用等知识，与电流继电器类似。

（2）电流继电器。反映输入量为电流的继电器称为电流继电器。电流继电器的线圈串联在被测电路中，当通过线圈的电流达到预定值时，其触头动作，常见文字符号如图 5-17 所示。

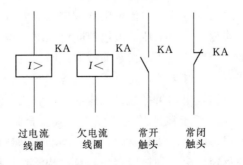

图 5-17 电流继电器图形文字符号

1）过电流继电器。当通过继电器的电流超过预定值时就动作的继电器称为过电流继电器。

2）欠电流继电器。当通过继电器的电流减小到低于其整定值时就动作的继电器称为欠电流继电器。

3. 中间继电器

（1）功能。中间继电器是用来增加控制电路中的信号数量或将信号放大的继电器。其输入信号是线圈的通电和断电，输出信号是触头的动作。

（2）结构原理、符号及型号。中间继电器为外形及原理图如图5-18所示，电流继电器的图形文字符号如图5-19所示。

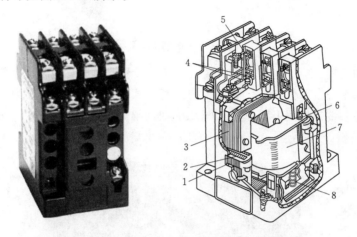

图5-18　中间继电器的外形及原理图
1—静铁芯；2—短路环；3—衔铁；4—常开触头；5—常闭触头；
6—反作用弹簧；7—线圈；8—缓冲弹簧

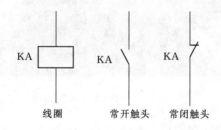

图5-19　电流继电器的图形文字符号

（3）选用。中间继电器主要依据被控制电路的电压等级、所需触头的数量、种类、容量等选择。

4. 时间继电器

时间继电器是一种利用电磁原理或机械动作原理来实现触头延时闭合或分断的自动控制电器，如图5-20所示。

JS7-A系列空气阻尼式时间继电器介绍如下：

127

图 5-20 时间继电器

（1）结构和原理。空气阻尼式时间继电器又称气囊式时间继电器，主要由电磁系统、延时机构和触头系统三部分组成，电磁系统为直动式双 E 型电磁铁，延时机构采用气囊式阻尼器，触头系统是借用 LX5 型微动开关。时间继电路内部结构和结构示意图如图 5-21 和图 5-22 所示。

图 5-21 时间继电器内部结构

（2）时间继电器在电路图中的符号如图 5-23 所示。

（3）时间继电器的选用。

1）根据系统的延时范围和精度选择时间继电器的类型和系列。

2）根据控制线路的要求选择时间继电器的延时方式。

3）根据控制线路电压选择时间继电器吸引线圈的电压。

（4）时间继电器的安装与使用。

1）时间继电器应按说明书规定的方向安装。

2）时间继电器的整定值，应预先在不通电时整定好。

3）时间继电器金属底板上的接地螺钉必须与接地线可靠连接。

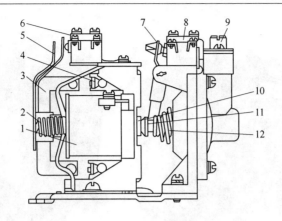

图 5-22 时间继电器的结构示意图

1—线圈；2—反力弹簧；3—衔铁；4—铁芯；5—弹簧片；6—瞬时触头；7—杠杆；
8—延时触头；9—调节螺钉；10—推杆；11—活塞杆；12—宝塔形弹簧

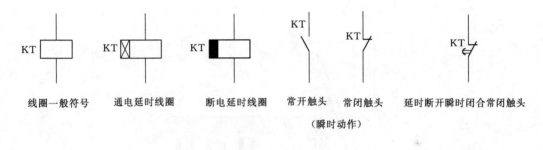

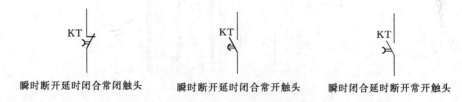

图 5-23 时间继电器的图形符号

4）通电延时型和断电延时型可在整定时间内自行调换。

5）使用时，应经常清除灰尘及油污，否则延时误差将增大。

5．热继电器

热继电器是利用流过继电器的电流所产生的热效应而反时限动作的自动保护电器，用作电动机的过载保护、断相保护、电流不平衡运行的保护（图 5-24）。

工作原理：当电动机过载时，流过电阻丝的电流超过热继电器的整定电流，电阻丝发热增多，温度升高，由于两块金属片的热膨胀程度不同而使主双金属片向右弯曲，通过传动机构推动常闭触头断开，分断控制电路。热继电器结构如图 5-25 所示。

断相保护型热继电器，是在热继电器的结构基础上增加了断相保护装置的一种保护型热继电器。

在三相交流电动机的工作电路中，若三相中有一相断线而出现过载电流，则因为断线那一相的双金属片不弯曲而使热继电器不能及时动作，有时甚至不动作，故不能起到保护

图 5-24　热继电器

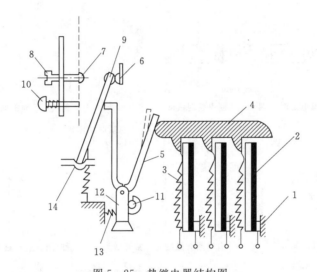

图 5-25　热继电器结构图

1—双金属片固定件；2—双金属片；3—热原件；4—导板；5—补偿双金属片；

6、7、9—触点；8—复位调节螺钉；10—复位按钮；11—调节旋钮；

12—支撑件；13—弹簧；14—支撑件

作用，这时就需要使用带断相保护的热继电器。

6．速度继电器

速度继电器是反映转速和转向的继电器，其主要作用是以旋转速度的快慢为指令信号，与接触器配合实现对电动机的反接制动控制。

（1）速度继电器的结构和原理如图 5-26 所示。速度继电器的转子轴与电动机轴相连接，定子空套在转子上。当电动机转动时，速度继电器的转子（永久磁铁）随之转动，在空间产生旋转磁场，切割定子绕组，而在其中感应出电流。此电流又在旋转磁场作用下产生转矩，使定子随转子转动方向而旋转一定的角度。此时，与定子装在一起的摆锤推动触点动作，使动断触点断开，动合触点闭合。当电动机转速低于某一值时，定子产生的转矩减小，动触点复位。

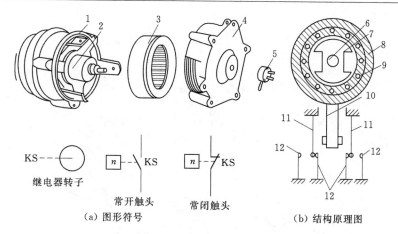

$$KS--\bigcirc$$

继电器转子

$\boxed{n}$ KS

常开触头

$\boxed{n}$ KS

常闭触头

（a）图形符号

（b）结构原理图

图 5-26　速度继电器结构原理图

1—可动支架；2—转子；3—定子；4—端盖；5—连接头；6—电动机轴；

7—转子（永久磁铁）；8—定子；9—定子绕组；10—胶木摆杆；

11—簧片（动触头）；12—静触头

（2）速度继电器的选用。速度继电器主要根据所需控制的转速大小、触头数量和电压、电流来选用。

（3）速度继电器的安装与使用。

1）速度继电器的转轴应与电动机同轴连接，且使两轴的中心线重合。

2）速度继电器安装接线时，应注意正反向触头不能接错。

3）速度继电器的金属外壳应可靠接地。

第三节　三相异步电动机的基本电气控制

三相异步电动机具有结构简单、运行可靠、坚固耐用、价格便宜、维修方便等一系列优点。与同容量的直流电动机相比，异步电动机还具有体积小、重量轻、转动惯量小的特点。因此，在工矿企业中，异步电动机得到了广泛的应用。三相异步电动机的控制线路大多由接触器、继电器、闸刀开关、按钮等有触点电器组合而成。三相异步电动机分为鼠笼式异步电动机和绕线式异步电动机，二者的构造不同，启动方法也不同，其启动控制线路差别很大，本节中我们学习一下三相鼠笼式异步电动机的电气控制。

直接启动即是启动时把电动机直接接入电网，加上额定电压，一般来说，电动机的容量不大于直接供电变压器容量的 20%～30% 时，都可以直接启动。在电源容量足够大时，小容量笼型电动机可直接启动。

1. 点动控制

点动控制是通过按钮开关进行电动机的启动和停止控制，利用接触器来实现电动机的通断电工作，如图 5-27 所示。主回路有转换开关 QS、熔断器 FU1、交流接触器 KM 的主触点和笼型电动机 M 组成；控制电路有熔断器 FU2、启动按钮 SB 和交流接触器线圈 KM 组成。

线路的工作过程：合上转换开关 QS→按下启动按钮 SB→接触器 KM 线圈通电→KM

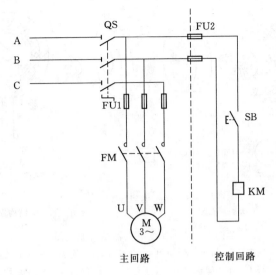

图 5 - 27　点动控制回路

主触点闭合→电动机通电直接启动。

停机过程：松开 SB→KM 线圈断电→KM 主触点断开→M 停电停转。

按下按钮，电动机转动；松开按钮，电动机停转，这种控制就称为点动控制，它能实现电动机的短时转动，常用于机床的对刀调整和起重机械中的电动葫芦等，电机的点动控制流程如图 5 - 28 所示。

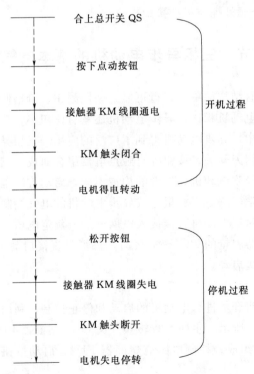

图 5 - 28　电机的点动控制流程

2. 连续运行控制

除了点动控制以外，在实际生产中，更多的是要求电动机实现长时间连续转动，即所谓长动控制。如图 5 - 29 所示，主电路由转换开关 QS、熔断器 FU1、接触器 KM 的主触点、热继电器 KH 的发热元件和电动机 M 组成，控制电路由熔断器 FU2、停止按钮 SB2、启动按钮 SB1、接触器 KM 的常开辅助触点和线圈、热继电器 FR 的常闭触点组成。

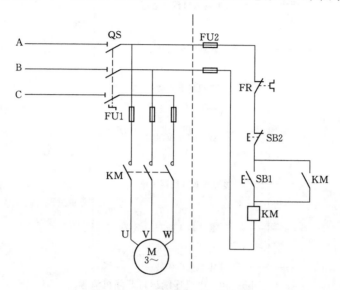

图 5 - 29　电机连续运行接线图

工作过程（图 5 - 30）如下：

（1）启动过程。按下启动按钮 SB1，接触器 KM 线圈通电，与 SB1 并联的 KM 的辅助常开触点闭合，以保证松开按钮 SB1 后 KM 线圈持续通电，串联在电动机回路中的 KM 的主触点持续闭合，电动机连续运转，从而实现连续运转控制。

（2）停止过程。按下停止按钮 SB2，接触器 KM 线圈断电，与 SB1 并联的 KM 的辅助常开触点断开，以保证松开按钮 SB2 后 KM 线圈持续失电，串联在电动机回路中的 KM 的主触点持续断开，电动机停转。与 SB1 并联的 KM 的辅助常开触点的这种作用称为自锁。

图 5 - 29 所示的控制电路还可实现短路保护、过载保护和零压保护。

（1）起短路保护的是串接在主电路中的熔断器 FU。一旦电路发生短路故障，熔体立即熔断，电动机立即停转。

（2）起过载保护的是热继电器 FR。当过载时，热继电器的发热元件发热，将其常闭触点断开，使接触器 KM 线圈断电，串联在电动机回路中的 KM 的主触点断开，电动机停转。同时 KM 辅助触点也断开，解除自锁。故障排除后若要重新启动，需按下 FR 的复位按钮，使 FR 的常闭触点复位（闭合）即可。

（3）起零压（或欠压）保护的是接触器 KM 本身。当电源暂时断电或电压严重下降时，接触器 KM 线圈的电磁吸力不足，衔铁自行释放，使主、辅触点自行复位，切断电源，电动机停转，同时解除自锁。

连续运行控制线路具有如下三大优点：

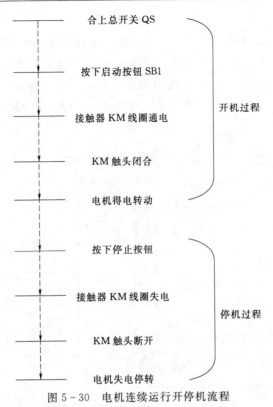

图 5-30　电机连续运行开停机流程

（1）防止电源电压严重下降时，电动机欠电压运行。

（2）防止电源电压恢复时，电动机自行启动而造成设备和人身事故。

（3）避免多台电动机同时启动造成设备和人身事故。

3. 电机的正反转控制

有时为了实现设备的前进/后退或者机床转动机构的正反转，例如龙门刨床的工作台前进、后退。需要我们实现电动机的正反转控制（图 5-31）。

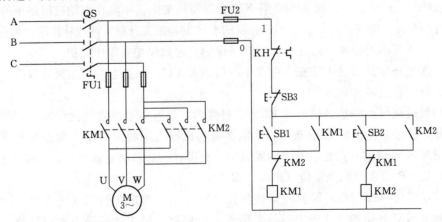

图 5-31　电动机正、反转控制线路

（1）正向启动过程：按下启动按钮 SB1，接触器 KM1 线圈通电，与 SB2 并联的 KM1

的辅助常开触点闭合，以保证 KM1 线圈持续通电，串联在电动机回路中的 KM1 的主触点持续闭合，电动机连续正向运转。

（2）停止过程：按下停止按钮 SB3，接触器 KM1 线圈断电，与 SB2 并联的 KM1 的辅助触点断开，以保证 KM1 线圈持续失电，串联在电动机回路中的 KM1 的主触点持续断开，切断电动机定子电源，电动机停转。

（3）反向启动过程：按下启动按钮 SB2，接触器 KM2 线圈通电，与 SB3 并联的 KM2 的辅助常开触点闭合，以保证 KM2 线圈持续通电，串联在电动机回路中的 KM2 的主触点持续闭合，电动机连续反向运转。

电机的正反转控制线路中为了防止误操作使主回路电源短路，为电路设置了互锁环节，电气控制中互锁主要是为保证电器安全运行而设置的。它主要是由两电器互相控制而形成的互锁的。实现的手段主要有三个：①电气互锁；②机械互锁；③电气机械联动互锁。电气互锁就是将两个继电器的常闭触点接入另一个继电器线圈控制回路中，这样一个线圈得电另一个线圈就不会形成闭合回路。本节中 KM2 的常闭触点串接在 KM1 的通电控制回路中。

4. Y-△减压启动控制线路

直接启动存在的问题：异步电动机直接启动时，启动电流一般为额定电流的 4～7 倍，在电源变压器容量不够大而电动机功率较大的情况下，直接启动将导致电源变压器输出电压下降，不仅减小电动机本身的启动转矩，而且会影响同一供电线路中其他电气设备的正常工作。Y-△降压启动可以减小启动电流。

启动时将电动机定子绕组连接成星形，加在电动机每项绕组的电压为额定电压的 $1/\sqrt{3}$，从而减少了启动电流，待启动后，按预先整定的时间把电动机换成三角形连接，使电动机在额定电压下运行，控制电路图如图 5-32 所示。

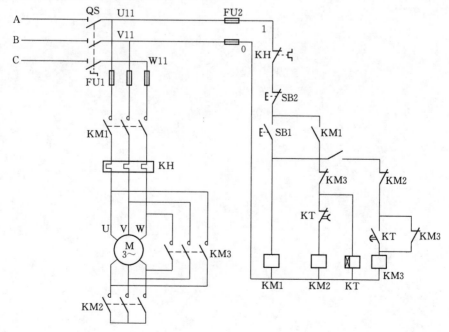

图 5-32 电机 Y-△启动

合上 QS，按下 SB1，接触器 KM1 通电，KM1 主触点闭合，M 接通电源，接触器 KM2 得电，同时 KM2 主触点闭合，定子绕组连成星形，此时电机减压运行；同时在按下 SB1 时，时间继电器 KT 得电，延时到规定的时间后，KM2 线圈断电，使 KM2 常闭触点闭合、常开触点断开，KM3 线圈通电，KM3 主触点闭合，电动机接成三角形全压运行，同时为保证安全 KM2 与 KM2 构成互锁。

　　正常工作时三相定子绕组作三角形连接的电动机。

　　Y -△降压启动：设备简单、成本低，但只适用于正常运动时做 △ 形连接且在轻载或空载下启动的异步电动机。

　　该线路结构简单，缺点是启动转矩也相应下降为△形连接的 1/3，转矩特性差。因而，本线路适用于电网 380V、额定电压 660V/380V、Y -△连接的电动机轻载启动的场合。

第六章

电工仪表与测量

第一节　电工仪表与测量的基础知识

一、电工仪表的分类

电工仪表主要是用来测量各种电量、磁量及电路参数的仪器仪表。电工仪表的种类较多，按结构和用途主要分为四大类，分别是指示仪表、比较仪表、数字仪表和智能仪表。

（1）指示仪表又称直读式仪表，主要是将被测量转换为仪表可动部分的机械偏转角，并通过指示器直接指示出被测量的大小。电工仪表的分类也是多种多样的，常见的分类方法有按工作原理可以将电工仪表分为磁电系仪表、电磁系仪表、电动系仪表和感应系仪表。此外，还有整流系仪表、铁磁电动系仪表等。按照被测量名可分为电流表、电压表、频率表、万用表等。按照使用方法可分为安装式仪表和便携式仪表，如图 6-1 所示。

图 6-1　常见安装式仪表

（2）比较仪表：在测量过程中，通过被测量与同类标准量进行比较，然后根据比较结果确定被测量的大小。比较仪表主要分为直流比较仪表和交流比较仪表。在电工学中常见的直流电桥和电位差计属于直流比较仪表，交流电桥属于交流比较仪表。

（3）数字仪表：测量中主要采用数字测量技术，并以数码的形式直接显示出被测量的大小。常用的数字仪表有数字式电压表、数字式万用表、数字式频率表等。

（4）智能仪表：主要利用微处理器的控制和计算功能，实现程序控制、记忆、自动校正、自诊断故障、数据处理和分析运算等功能的仪表。智能仪表一般分为带微处理器的智能仪器以及自动测试系统。常见的智能仪表如带存储功能的数字式示波器。

二、常见电工仪表的标志

为方便选择和使用仪表见表 6-1，规定用不同的符号来表示这些技术特性，并标注在仪表的面板上，这些图形符号就是仪表的标志。

表 6-1　　　　　　　　　　　常见电工仪表的名称及符号

物理量	名称	符号	物理量	名称	符号
电流	千安	kA	电压	千伏	kV
	安培	A		福特	V
	毫安	mA		毫伏	mV
	微安	μA		微伏	μV
功率	兆瓦	MW	频率	兆赫	MHz
	千瓦	kW		千赫	kHz
	瓦特	W		赫兹	Hz
电容	法拉	F	电感	亨利	H
	微法	μF		毫亨	mH
	皮法	pF		微亨	μH
无功功率	兆乏	Mvar	电阻	兆欧	MΩ
	千乏	kvar		千欧	kΩ
	乏	var		欧姆	Ω
				毫欧	mΩ

三、电工仪表的误差

（1）误差的概念。测量的过程必然存在着误差，误差自始至终存在于一切科学实验和测量的过程之中。因此研究误差规律，并尽量减小误差是测量的任务之一。误差主要是测量值与真值的差值；而真值即是在测量时客观存在的真实值。

产生误差的原因多种多样，主要有来自仪器本身的误差、测量环境不同所产生的误差以及实验方法的不同所产生的误差等。由误差产生原因的不同可将仪表的误差分为基本误差和附加误差。

基本误差：仪表在正常工作条件下，由于仪表本身的结构、制造工艺等方面的不完善而产生的误差。基本误差是仪表本身所固有的误差，一般无法消除。

附加误差：仪表因为偏离了规定的工作条件而产生的误差称为附加误差。附加误差实际上是一种因外界工作条件改变而造成的额外误差，一般可以设法消除。

（2）误差的表示方法。

1）绝对误差：指测量值 A_x 与被测量真值 A_0 之差，用 Δ 表示，即

$$\Delta = A_x - A_0 \tag{6-1}$$

绝对误差有正负之分，正误差主要是 A_x 比 A_0 的值偏大，相反则称为负误差。在计算 Δ 值时，通常可用标准表的指示值作为被测量的实际值。

因此可将式（6-1）变形为

$$A_0 = A_x - \Delta = A_x + (-\Delta) = A_x + C \tag{6-2}$$

式（6-2）中的 $C=-\Delta$ 称为仪表的校正值。

实际上可用绝对误差的绝对值即 $|\Delta|$ 来表示不同仪表的准确度，$|\Delta|$ 越小，仪表越准确。

【例6-1】 用一只标准电流表来校验甲、乙两只电流表，当标准表的指示值为 10mA 时，甲、乙两表的读数分别为 12.7mA 和 8.9mA，求甲、乙两表的绝对误差。

解： 代入绝对误差的定义式得

甲表的绝对误差 $\Delta_1 = A_{x1} - A_0 = 12.7 - 10 = 2.7(\text{mA})$。

乙表的绝对误差 $\Delta_2 = A_{x2} - A_0 = 8.9 - 10 = -1.1(\text{mA})$。

2）相对误差：绝对误差 Δ 与被测量实际值 A_0 比值的百分数，称为相对误差 γ，即

$$\gamma = \frac{\Delta}{A_0} \times 100\% \tag{6-3}$$

一般情况下实际值 A_0 难以确定，可用仪表的指示值 A_x 近似等于实际值 A_0，式（6-3）可变换为

$$\gamma = \frac{A}{A_x} \times 100\% \tag{6-4}$$

在实际测量中，采用相对误差来比较测量结果的准确程度。

【例6-2】 已知甲表测量 220V 电压时 $\Delta_1 = +4\text{V}$，乙表测量 20V 电压时 $\Delta_2 = +2\text{V}$，试比较两表的相对误差。

解： 甲表相对误差为

$$\gamma_1 = \frac{\Delta_1}{A_{01}} \times 100\% = \frac{+4}{220} \times 100\% = +1.8\%$$

乙表相对误差为

$$\gamma_2 = \frac{\Delta_2}{A_{02}} \times 100\% = \frac{+2}{20} \times 100\% = +10\%$$

3）引用误差：绝对误差 Δ 与仪表量程（最大读数）A_m 比值的百分数，称为引用误差 γ_m，即

$$\gamma_m = \frac{\Delta}{A_m} \times 100\% \tag{6-5}$$

由式（6-5）可知引用误差实际上就是仪表在最大读数时的相对误差，即满度相对误差。因为绝对误差 Δ 基本不变，仪表量程 A_m 也不变，故引用误差可以用来表示一只仪表的准确程度。

（3）仪表的准确度。准确度是指仪表的测量结果与实际值的接近程度；即仪表的最大绝对误差 Δ_m 与仪表量程 A_m 比值的百分数，称为仪表的准确度（$\pm K\%$），用式（6-6）表示：

$$\pm K\% = \frac{\Delta_m}{A_m} \times 100\% \tag{6-6}$$

式中 K——仪表的准确度等级，它的百分数表示仪表在规定条件下的最大引用误差。最大引用误差越小，仪表的基本误差越小，准确度越高。

常用电工按照国家规定将仪表规定了 7 个准确度等级，见表 6-2。

表 6-2   仪 表 的 误 差 等 级

准确度等级	0.1	0.2	0.5	1.0	1.5	2.5	5.0
基本误差/%	±0.1	±0.2	±0.5	±1.0	±1.5	±2.5	±5.0

【例 6-3】 用准确度等级为 2.5 级、量程为 200V 的电压表，分别测量 20V 和 200V 的电压。求其相对误差各为多少？

解： 先求出该电压表的最大绝对误差：

$$\Delta_m = \frac{\pm K \times A_m}{100} = \frac{\pm 2.5 \times 200}{100} = \pm 5(V)$$

测量 20V 电压时产生的相对误差为

$$\gamma_1 = \frac{\Delta_m}{A_1} \times 100\% = \frac{\pm 5}{20} \times 100\% = \pm 25\%$$

测量 20V 电压时产生的相对误差为

$$\gamma_1 = \frac{\Delta_m}{A_2} \times 100\% = \frac{\pm 5}{200} \times 100\% = \pm 2.5\%$$

一般情况下，测量结果的准确度并不等于仪表的准确度，只有当被测量正好等于仪表量程时，两者才会相等。实际测量时，为保证测量结果的准确性，不仅要考虑仪表的准确度，还要选择合适的量程。

四、电工测量误差及其消除方法

将被测的电量、磁量或电参数与同类标准量进行比较，确定被测量大小的过程就是电工测量。常见的电工测量方法主要有直接测量法、比较测量法、间接测量法。而在比较测量法中常用到零值法、差值法和代替法。所谓零值法就是在测量中通过改变标准量，使其与被测量相等（即两者差值为 0）来确定被测量数值的方法。差值法就是利用被测量与标准量的差值作用于仪表来确定被测量数值的方法。而代替法即是用已知标准量代替被测量，若维持仪表原来的读数不变，此时被测量就是标准量。

电工测量时，由于产生误差原因不同，可将误差分为系统误差、偶然误差和疏失误差。

系统误差：指在相同条件下多次测量同一量时，误差的大小和符号均保持不变，而在条件改变时遵从一定规律变化的误差。

系统误差产生的原因主要有：测量仪表的误差，包括基本误差和附加误差；测量方法的误差、仪表受外磁场的影响、仪表本身不完善和外界因素影响造成的误差。

消除系统误差的方法有：重新配置合适的仪表或对仪表进行校正；采用合理的测量方法；采用正负误差补偿法；采用代替法；引入校正值。

偶然误差：又称为"随机误差"，是一种大小和符号都不固定的误差。其产生原因主要由外界环境的偶发性变化引起。可采用增加重复测量次数取算术平均值的方法来消除偶然误差对测量结果的影响。

疏失误差：是一种严重歪曲测量结果的误差。其产生主要由测量时的粗心和疏忽造成，如读数错误、记录错误。消除方法主要有对含有疏失误差的测量结果应抛弃不用。而消除疏失误差的根本方法是加强操作者的工作责任心，倡导认真负责的工作态度，同时要提高操作者的素质和技能水平。

第二节　常用的测量机构

一、磁电系仪表

1. 磁电系测量机构的结构

磁电系仪表是电子仪器仪表的一种，其主要用于直流电流和电压的测量，与整流器配合之后，也可用于交流电流和电压的测量。磁电系仪表的测量准确度和灵敏度高、功耗小、刻度均匀。但是该类仪表的过载能力差。磁电系仪表主要由磁电系测量机构和测量线路组成。其结构如图6-2所示。

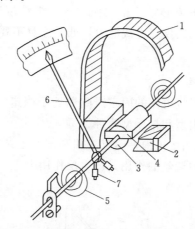

图6-2　磁电系测量机构的结构图
1—永久磁铁；2—极掌；3—圆柱形铁芯；4—可动线圈；
5—游丝；6—指针；7—平衡锤

永久磁铁、极掌以及圆柱形铁芯构成固定的磁路系统，其作用是在极掌和铁芯之间的空气隙中产生较强的均匀辐射磁场。

可动线圈的可动部分由绕在铝框上的线圈，线圈两端的转轴、指针、平衡锤以及游丝组成。游丝主要用来产生反作用力矩或者把被测电流导入和导出可动线圈。

磁电系测量机构的阻尼力矩由可动线圈的铝框架产生，当铝架在磁场中运动时，闭合的铝架切磁力线产生感应电流，这个涡流与磁场相互作用产生一个电磁阻尼力矩，显然阻尼力矩的方向与铝框架运动方向相反，因此能使指针较快停在读数位置上。

磁电系仪表根据磁路形式的不同，分为外磁式、内磁式和内外磁结合式三种结构，如图6-3所示。

2. 磁电式仪表的工作原理

磁电式仪表的工作原理是永久磁铁的磁场与通有直流电流的可动线圈相互作用而产生偏转力矩，使可动线圈发生偏转，此时带动指针偏转，停留在平衡位置，读出指针所指向

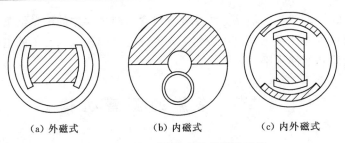

（a）外磁式　　　（b）内磁式　　　（c）内外磁式

图 6-3　磁电系测量机构的磁路系统

的值即是被测量的大小。

3. 磁电式机构的特点及应用

磁电式仪表具有准确度高、灵敏度高、刻度均匀、功耗小等优点；但是其缺点是过载能力差而且只能测量直流量。

使用磁电式仪表测量直流电流时，电流表要串联在被测的支路中，电压表要并联在北侧电路中，使用直流表时，电流必须严格按照"＋"极性端进入，否则指针将会反向偏转，影响表的正常使用。磁电式仪表过载能力较低，注意不要过载。

二、电磁系测量机构

1. 电磁式测量机构的结构

电磁系测量机构主要由通过电流的固定线圈和处于固定线圈内的可动软磁铁片组成，根据其结构的不同可分为吸引型和排斥型两种。

如图 6-4 所示为吸引型测量机构，固定线圈和偏心地装在转轴上的可动铁片组成产生转动力矩装置，在该装置中游丝的作用是产生反作用力矩，不通过电流。阻尼片和永久磁铁组成了感应阻尼器。

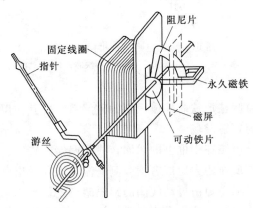

阻尼片

固定线圈
指针

永久磁铁

磁屏

可动铁片

游丝

图 6-4　吸引型测量机构

如图 6-5 所示为排斥型测量机构，其包含了固定线圈和固定铁片，可动部分包含了可动铁片、游丝、指针以及阻尼片等。

2. 电磁系测量机构的工作原理

如图 6-4 所示，在吸引型电磁系测量机构中，当固定线圈通电以后，线圈产生的磁场将可动铁片磁化，对铁片产生吸引力，使固定在同一转轴上的指针随之发生偏转，同时

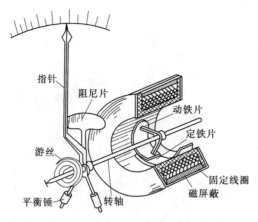

图 6-5　排斥型测量机构

游丝产生反作用力矩。线圈中电流越大，磁化作用越强，指针偏转角就越大。当游丝产生的反作用力矩与转动力矩相平衡时，指针停在某一位置即是被测量的大小；而当电流方向不同时，指针的偏转方向不变。

在图 6-5 排斥型测量机构中，同样当固定线圈通电以后，固定铁片和可动铁片同时被磁化，其两铁片的同一侧为相同的极性，由于同性磁极相互排斥，产生转动力矩使可动铁片转动，从而带动指针偏转；当游丝产生的反作用力矩与转动力矩相平衡时，指针停在某一位置即是被测量的大小；而当电流方向改变时，指针的偏转方向不变。

总的来说，电磁系测量机构主要是利用磁化后的铁片被吸引或排斥作用而产生作用力矩、而改变固定线圈的电流方向，两铁片的磁化方向也发生改变，两铁片仍处于排斥和吸引状态，因此转动方向电流方向没有关系，电磁式仪表可用来测量交流和直流。

3. 电磁系测量机构的特点及应用

(1) 可测交流或直流，测量结果为交变量的有效值。

(2) 过载能力强，结构简单，制造成本低。

缺点主要有采用磁屏蔽后，内部磁场弱，受外磁场影响大；测量准确度低，直流测量时，有磁滞，涡流现象，测量交流时会受到频率影响；刻度不均匀。

目前使用的安装式交流电流表、电压表、仪用互感器、钳形电流表等都是采用电磁系测量结构。

三、电动系测量机构

电动系仪表用可动线圈代替了可动铁片，基本上可以消除电磁式仪表中的磁滞和涡流现象，提高了仪表的准确性。

1. 电动测量仪表的结构

图 6-6 为电动势仪表的结构，该类仪表主要是由分段的固定线圈和装在固定线圈内的可动线圈构成。固定线圈为平行排列的两个部分，这样使固定线圈两部分之间的磁场比较均匀。可动线圈与转轴固定连接，一起放置在固定线圈的两部分之间。游丝用来产生反作用力矩，同时作为动圈电流的引入、引出元件，空气阻尼器是用来产生阻尼力矩的。

2. 工作原理

电动系仪表主要是利用两个通电线圈之间产生的电动力作用的原理制成的，由于固定

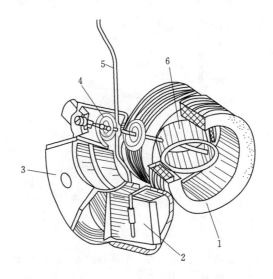

图 6-6　电动势仪表的结构

1—固定线圈；2—空气阻尼器叶片；3—空气阻尼器外盒；

4—游丝；5—指针；6—可动线圈

线圈内通入电流 I_1 将会产生磁场 B_1，同时可动线圈经过游丝通入电流 I_2，此时会受到电磁力作用产生转矩，从而带动指针偏转，直到与游丝产生的反作用力矩相平衡为止，指针停在某一位置，指示出被测量大小。

3. 电动系测量机构的特点及应用

（1）电动势仪表的优点：①准确度高，由于没有铁磁物质，不存在磁滞后误差，准确度等级最高可达 0.1 级；②交直流两用，还能测量非正弦电流的有效值；③能构成多种类仪表，将固定和可动线圈串联就是电动系电流表，将固定和可动线圈分别与分压电阻串联，就是电动式电压表，此外还能组成功率表、相位表等；④电动系功率表刻度标尺均匀。

（2）电动系仪表的缺点：①仪表易受外磁场影响；②本身消耗概率大；③过载能力小；④电动系电流、电压表刻度不均匀。

四、感应系测量机构

利用活动部分的导体在交变磁场中产生的感应电流所受到的磁场作用力而形成的转动力矩的测量机构称为感应系测量机构。

1. 感应电度表

利用感应系测量原理的电子元器件主要是电能表，将以电能表为例来介绍感应系测量机构。感应系电能表的结构如图 6-7 所示。

从图 6-7 中可知感应系电能表主要由以下几部分组成：

（1）驱动元件，即电磁元件，主要包括电压元件与电流元件，其作用主要是接受被测电路的电压和电流，产生交变磁通，当其通过铝盘时，在铝盘内产生感应电流，交变磁通和感应电流相互作用，产生驱动力矩，使铝盘转动。

（2）转动元件：由铝盘和转轴构成。

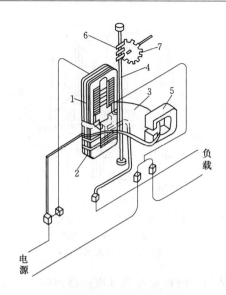

图 6-7 感应系电能表的结构图
1—电压元件；2—电流元件；3—铝盘；4—转轴；
5—永久磁铁；6—蜗杆；7—涡轮

（3）制动元件：由永久磁铁构成，其作用是产生与驱动力矩方向相反的制动力矩，使铝盘的转速与被测功率成正比。

（4）计度器：主要用来计算铝盘的转数，实现累计电能的目的，其结构如图 6-8 所示。

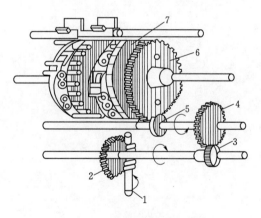

图 6-8 计度器结构示意图
1—蜗杆；2—涡轮；3、4、5、6—齿轮；7—滚轮

2. 感应电能表的工作原理

如图 6-9 所示电压元件铁芯和电流元件铁芯之间有间隙，以便于铝盘能在此间隙中自由转动。电压元件铁芯上装有用钢板冲制而成的回磁板，回磁板下端伸入铝盘底部，隔着铝盘与电压元件的铁芯柱相对应，构成电压线圈工作磁通的回路。

当交流电通过感应式电能表的电压线圈时，在电压元件铁芯中产生一个交变磁通 Φ_u，

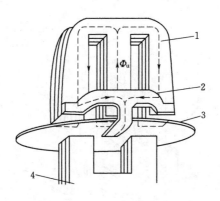

图 6-9　电能表铁芯结构图
1—电压元件铁芯；2—回磁板；
3—铝盘；4—电流元件铁芯

这一磁通经过伸入铝盘下部的回磁板穿过铝盘构成磁回路，并在铝盘上产生涡流 i_u。交流电流通过电流线圈时，会在电流元件铁芯中产生一个交变磁通，这一磁通通过铁芯柱的一端穿出铝盘，又经过铁芯柱的另一端穿入铝盘，从而构成闭合的磁路。电压线圈和电流线圈产生的是两个交变磁通，这两个交变磁通及其产生的涡流相互作用，产生电磁力矩。这个电磁力矩（即转动力矩）推动铝盘转动。同时这两个磁通产生的涡流也与制动永久磁铁产生的磁场相互作用产生制动力矩，制动力矩的大小是随铝盘转速的增大而增大的，与铝盘转速成正比。只有制动力矩与转动力矩平衡时，铝盘才能匀速转动。

第七章

机 械 基 础 知 识

第一节 钳 工 基 本 知 识

钳工是使用钳工工具或设备，按加工技术要求对工件进行加工、修整和装配的工种。它具有使用工具简单、加工方式灵活多样、操纵方便和适应面广等特点。目前虽然有各种先进的加工方法，但很多工作仍然需要钳工来完成以保证产品质量，因此钳工在机械制造及机械维修中有着特殊的、不可取代的作用。钳工的基本操作可分为画线、切削加工（鏨削、锯削、锉削、钻孔、攻螺纹、套螺纹、刮削和研磨）、装配及维修。

一、常用量具

1. 游标卡尺

游标卡尺是最常用的量具之一。它的主体是一个刻有刻度的尺身，称主尺。沿着主尺滑动的尺框上装有游标。游标卡尺它可以直接测量各种工件的内径、外径、中心距、宽度、长度和深度等。游标卡尺的主要结构如图 7-1 所示。使用时，外尺寸用外量爪测量外径、长度、宽度；内尺寸用内量爪测量内径、孔距、槽宽。深度或高度用测深尺测量。

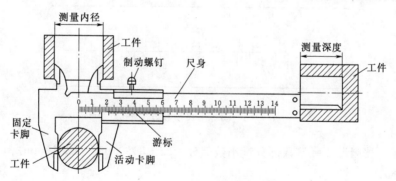

图 7-1 标卡尺结构型

游标卡尺按测量的不同，可分为 0.1mm、0.05mm 和 0.02mm 三种。

（1）读数原理。游标卡尺的刻度原理及读数方法见表 7-1。

（2）读数方法。游标卡尺上的零线是读数的基准，在读数时，要同时看清尺身和游标的刻度，两者应结合起来度。

1）读整数。在尺身上读出位于游标零线前面最接近的读数，该数是被测件的整数部分。

2）读小数。在游标上找出与尺身刻线相重合的刻线，该刻线的顺序数 n 乘以游标的读数精度值所得的积，即为被测件的小数部分。

表 7 - 1　　　　　　　　　　游标卡尺的刻度原理及读数方法

精度值	游标卡尺读数原理讲解	图　　例
0.1mm	尺身每小格 1mm，当两测量爪合并时。尺身 9mm 刚好等于游标上 10 格，则游标每格刻度宽度为 0.9mm（9mm÷10）。尺身与游标每格相差 0.1mm，数值 0.1mm 即为游标卡尺的读数精度	
0.05mm	尺身每小格 1mm，当两测量爪合并时。尺身 19mm 刚好等于游标上 20 格，则游标每格刻度宽度为 0.95mm（19mm÷20）。尺身与游标每格相差 0.05mm，所以此游标卡尺的读数精度为数值 0.1mm	
0.02mm	尺身每小格 1mm，当两测量爪合并时。尺身 49mm 刚好等于游标上 50 格，则游标每格刻度宽度为 0.98mm（49mm÷50）。尺身与游标每格相差 0.02mm，所以此游标卡尺的读数精度为数值 0.02mm	

3）求和。将上述两数相加即为被测件的整个读数。

【**例 7 - 1**】　读出如图 7 - 2 所示的读数精度为 0.05mm 的游标卡尺测量数值。

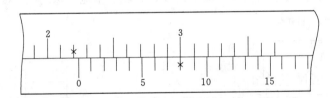

图 7 - 2　游标卡尺读数方法举例

被测尺寸＝整数部分＋小数部分＝22＋8×0.05＝22.4(mm)

2. 千分尺

千分尺是一种应用广泛的精密量具，其测量精度比游标卡尺高。其结构是利用螺旋副传动的原理，把螺杆的旋转运动办成直线位移来测量尺寸。

（1）千分尺的结构和规格。按测量范围划分，测量范围在 500 以内时，每 25mm 为一挡，如 0～25mm、25～50mm；测量范围在 500mm～1000mm 时，每 100mm 为一挡，如 500～600mm、600～700mm。其结构图如图 7 - 3 所示。

（2）千分尺读数原理及读数方法：外径千分尺是利用螺旋传动原理，将角位移转变成直线位移来进行长度测量的，微分筒上面刻有 50 条等分线，当旋转一圈时，由于测微螺杆的螺距为 0.5mm，因此它轴向移动 0.5mm，当微分筒转过一格时，测微螺杆轴向移动距离为 0.5/50＝0.01mm，因此微分筒上每格距离为 0.01mm，具体方法见表 7 - 2。

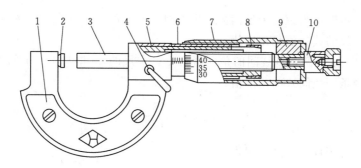

图 7-3　外径千分尺的结构图

1—尺架；2—砧座；3—测微螺杆；4—锁紧装置；5—螺纹轴套；

6—固定套筒；7—微分套筒；8—螺母；9—接头；10—测力装置

表 7-2　　　　　　　　　　千分表读数方法

千分表读数方法讲解	图　例
读整数：从微分筒的边缘向左看固定套筒上距微分筒边缘最近的刻线，在固定套筒上读出与微分筒相邻的刻度数值（包括整数和0.5mm数）	
读小数：在微分筒上读出与固定套管的基准线对齐的刻度数值，该数值为小数值	
求和：将上面两次数值相加，就是被测件的整个读数值	(a)读数：8+0.35=8.35mm　(b)读数：0.5+0.09=0.59mm

3. 万能角度尺

万能角度尺是用来测量工件内外角度的量具。按测量精度分为 2′ 和 5′ 两种。按测量范围分为 Ⅰ 型测量和 Ⅱ 型测量两种形式，Ⅰ 型测量范围为 0°～320°、Ⅱ 型测量范围为 0°～360°。

如图 7-4 所示为 Ⅰ 型万能角度尺，基尺固定在主尺上，游标和扇形板与主尺可做相对运动。在扇形板上用尺架固定着角尺，角尺上固定着直尺。

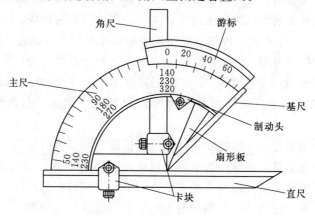

图 7-4　Ⅰ型万能角度尺

读数方法：角度尺与游标卡尺读数原理相似，不同的是游标卡尺的读数值是长度单位数，而万能角度尺的读数值是角度值。

$5'$刻线原理：主尺两条刻线间的角度值为$1°$，主尺的23格与游标上的12格相等。即游标每1格（两条刻线间）的角度值：

$$1°×\frac{23}{12}=60'×\frac{23}{12}=115'$$

即主尺两格与游标1格的差值为

$$2°-115'=120'-115'=5'$$

$2'$刻线原理：主尺刻线每格$1°$，副尺刻线将主尺上$29°$所占弧长等分为30格，即每格所对的角度为

$$1°×\frac{29}{30}=60'×\frac{29}{30}=58'$$

主尺1格与游标1格的差值为

$$1°-58'=60'-58'=2'$$

读数时，先看游标零线左边主尺上所表明的角度作为整数部分，读出"度"的数值，再看游标上哪条刻线与主尺上的刻线对齐，读出"分"的数值，将度数值和分数值相加即为角度数值。如图7-5所示为精度为$5'$的角度尺，读数为$36°+30'=36°30'$。

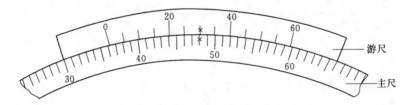

图7-5　万能角度尺读数方法举例

二、工件画线

根据图样和技术要求，在毛坯或半成品上用画线工具画出加工界线，画线可分为平面画线和立体画线两种或划出作为基准的点、线的操作过程称为画线。画线分为平面画线和立体画线，只需要在一个平面上画线就能明确表示出工件加工界的称为平面画线；在工件几个相互成不同角度的表面（通常是相互垂直的表面）上都画线的称为立体画线。常用的画线的工具有基准工具（划线平板）、夹持工具（方箱、千斤顶、Ｖ形铁等）、直接绘划工具（画针、画规、画卡、画针盘和样冲等）和量具（钢尺、直角尺、角度规、高度尺）等。

为使划出的线条清楚，一般要在工件画线部位涂上一层薄而均匀的涂料。用画线盘画各种水平线时，应选定某一基准作为依据，以此来调节每次画针的高度，称为画线基准。常见的画线基准有三种类型：以两个相互垂直的平面（或线）为基准、以一个平面与对称平面（和线）为基准及以两个互相垂直的中心平面（或线）为基准。

三、工件錾削

1. 錾削的工作性质及应用

用手锤打击錾子对金属进行切削加工的操作方法称为錾削。錾削的作用就是錾掉或錾断金属，使其达到要求的形状和尺寸。錾削主要用于不便于机械加工的场合，如去除凸缘、毛刺、分割薄板料、凿油槽等。錾削是钳工较为重要的基本操作之一，尽管錾削工作效率低，劳动强度大，但其使用的工具简单、操作方便，尤其在许多不便机械加工的场合适用。平面錾削主要利用扁錾完成，在錾较大平面还要使用尖錾在平面上加工一些互相平行的直槽。

2. 錾削工具

（1）錾子。錾子是錾削工件的刀具，用碳素工具钢经锻打成形后再进行刃磨和热处理。钳工用錾子主要有扁錾、尖錾、油槽錾和扁冲錾四种，结构如图7-6所示，扁錾用于錾削大平面、薄板料、清理毛刺等，尖錾用于錾槽和分割曲线板料，油槽錾用于錾削轴瓦和机床平面上的油槽等，扁冲錾用于打通两个钻孔之间的间隔。

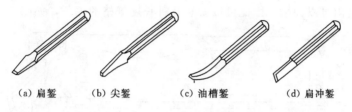

（a）扁錾　　（b）尖錾　　（c）油槽錾　　（d）扁冲錾

图7-6　錾子的种类

（2）手锤。手锤是钳工常用的敲击工具，由锤头、木柄和斜楔铁组成，如图7-7所示。常用的有0.25kg、0.5kg和1kg等规格。

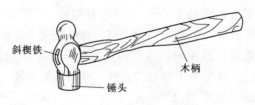

斜楔铁　　木柄　　锤头

图7-7　手锤

3. 錾削操作要领

錾子的握法有三种，即正握法、反握法和立握法，如图7-8所示。

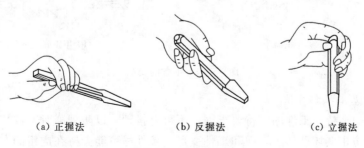

（a）正握法　　　　（b）反握法　　　　（c）立握法

图7-8　錾子的握法

身体与台虎钳中心线大致成 45°角，且略向前倾，左脚跨前半步，膝盖处稍有弯曲，保持自然，右脚站稳伸直，不要过于用力，重心偏于右脚。挥锤方法有三种，即腕挥、肘挥和臂挥。錾削时的锤击稳、准、狠，其动作要一下一下有节奏地进行，一般肘挥时锤击速度约为 40 次/min，腕挥时约 50 次/min。手锤敲下去应具有加速度，以增加锤击的力量。

四、工件锯削

1. 锯削的作用

利用锯条锯断金属材料（或工件）或在工件上进行切槽的操作称为锯削，也称为锯割，锯割具有方便、简单和灵活的特点，它的工作范围包括：分割各种材料及半用品，锯掉工件上多余分，在工件上锯槽。

2. 锯削工具

锯削工具主要指手锯。手锯由锯弓和锯条两部分组成。

（1）锯弓。锯弓是用来夹持和拉紧锯条的工具。可调式锯弓的弓架分成前后前段，由于前段在后段套内可以伸宿，因此可以安装几种长度规格的锯条，如图 7-9 所示。

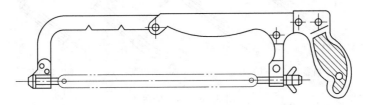

图 7-9　可调式锯弓

（2）锯条。锯条一般用渗碳钢冷轧而成，也有用碳素工具钢或合金钢制成，并经热处理淬硬。钳工常用的是锯条长度是 300mm，锯齿有粗齿、中齿、细齿之分。锯条的锯齿按一定形状左右错开，排列成一定形状称为锯路。锯路有交叉、波浪等不同排列形状。

手锯是向前推时进行切割，在向后返回时不起切削作用，因此安装锯条时应锯齿向前；锯条的松紧要适当，太紧失去了应有的弹性，锯条容易崩断；太松会使锯条扭曲，锯缝歪斜，锯条也容易崩断，如图 7-10 所示。

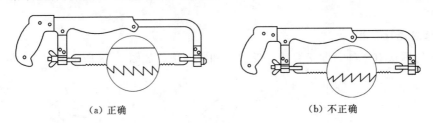

（a）正确　　　　　　　　　　　　　（b）不正确

图 7-10　锯条的安装

3. 锯削的基本操作方法

（1）工件的夹持。工件的夹持要牢固，不可有抖动，以防锯削时工件移动而使锯条折断。同时也要防止夹坏已加工表面和工件变形。工件尽可能夹持在虎钳的左面，以方便操作；锯削线应与钳口垂直，以防锯斜；锯削线离钳口不应太远，以防锯削时产生抖动。

（2）起锯。起锯的方法有远边起锯和近边起锯两种，一般情况采用远边起锯。因为此时锯齿是逐步切入材料，不易卡住，起锯比较方便。起锯角 α 以 15°左右为宜。为了起锯的位置正确和平稳，可用左手大拇指挡住锯条来定位。起锯时压力要小，往返行程要短，速度要慢，这样可使起锯平稳，如图 7-11 所示。

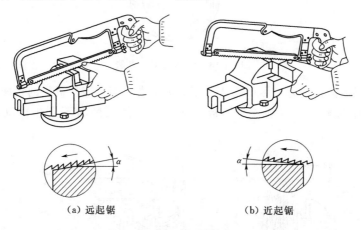

（a）远起锯　　　　　　　　　　（b）近起锯

图 7-11　起锯方法

（3）锯削操作。锯削推锯时锯弓运动方式有两种：一种是直线运动，适用于锯缝底面要求平直的槽和薄壁工件的锯削；另一种是弧线运动，弧线运动可减轻身体疲劳，提高锯削效率。锯削时速度不宜过快，以每 20～40 次/min 为宜，锯削软材料可以快些，锯削硬材料应该慢些。速度过快，锯条发热严重，容易磨损。应用锯条全长的 2/3 工作，以免锯条中间部分迅速磨钝。

锯削姿势有两种，即抱锯法和扶锯法，如图 7-12 所示。

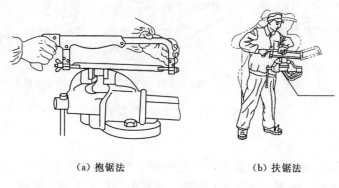

（a）抱锯法　　　　　　　　　　（b）扶锯法

图 7-12　锯削姿势

4. 锯削实例

（1）锯削圆钢。为了得到整齐的锯缝，应从起锯开始以一个方向锯以结束。如果对断面要求不高，可逐渐变更起锯方向，以减少抗力，便于切入。锯削圆管时，一般把圆管水平地夹持在虎钳内，对于薄管或精加工过的管子，应夹在木垫之间。锯削管子不宜从一个方向锯到底，应该锯到管子内壁时停止，然后把管子向推锯方向旋转一些，仍按原有锯缝锯下去，这样不断转锯，到锯断为止，如图 7-13 所示。

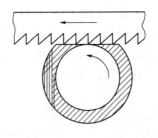

图 7－13　圆钢的锯削方法

（2）锯削薄板。锯削时，尽可能从宽面上锯下去，当只能从板料的狭面上锯下时，可用木板夹住薄板两侧进行锯削，增加板料的刚度，使锯削时不发生颤动，如图 7－14 所示。

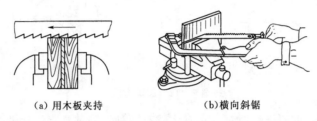

（a）用木板夹持　　　　　　　　（b）横向斜锯

图 7－14　薄板的锯削方法

（3）锯削深缝。当锯缝的深度超过锯弓的高度时，应将锯条转过 90°或 180°重新安装，使锯弓转到工件侧面或下面，如图 7－15 所示。

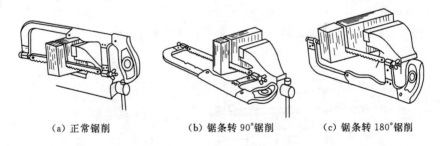

（a）正常锯削　　　　　　（b）锯条转 90°锯削　　　　　　（c）锯条转 180°锯削

图 7－15　深缝的锯削方法

五、工件锉削

用锉刀对工件表面进行切削加工，使它达到零件图纸要求的形状，尺寸和表面粗糙度，这种加工方法称为锉削，锉削加工简便，工作范围广，多用于錾削、锯削之后，锉削可对工件上的平面、曲面、内外圆弧、沟槽以及其他复杂表面进行加工，用于成形样板，模具型腔以及部件，机器装配时的工件修整。

1. 锉刀

锉刀常用碳素工具钢 T10、T12 制成，并经热处理淬硬到 HRC62～67。锉刀由锉刀面、锉刀边、锉刀舌、锉刀尾、木柄等部分组成，如图 7－16 所示。锉刀的大小以锉刀面的工作长度来表示，锉刀的锉齿是在剁锉机上剁出来的。

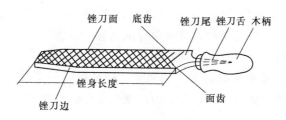

图 7 - 16 锉刀的构造

锉刀按用途不同分为普通锉、特种锉和整形锉三类。其中普通锉使用最多。按其齿纹可分为单齿纹、双齿纹（大多用双齿纹）；按其齿纹蔬密可分为粗齿、细齿和油光锉等。普通锉按截面形状不同分为平锉、方锉、圆锉、半圆锉和三角锉五种。

2. 锉刀的选用

选择锉刀的原则是：

（1）根据工件形状和加工面的大小选择锉刀的形状和规格。

（2）根据加工材料软硬、加工余量、精度和表面粗糙度的要求选择锉刀的粗细。

粗锉刀的齿距大，不易堵塞，适宜于粗加工（即加工余量大、精度等级和表面质量要求低）及铜、铝等软金属的锉削；细锉刀适宜于钢、铸铁以及表面质量要求高的工件的锉削；油光锉只用来修光已加工表面，锉刀愈细，锉出的工件表面愈光，但生产率愈低。

3. 锉削操作

（1）装夹工件。工件必须牢固地夹在虎钳钳口的中部，需锉削的表面略高于钳口，不能高得太多，夹持已加工表面时，应在钳口与工件之间垫以铜片或铝片。

（2）锉削的姿势。正确的锉削姿势能够减轻疲劳，提高锉削质量和效率，人的站立姿势为：左腿在前弯曲，右腿伸直在后，身体向前倾（约 10°左右），重心落在左腿上。锉削时，两腿站稳不动，靠左膝的屈伸使身体作往复运动，手臂和身体的运动要相互配合，并要使锉刀的全长充分利用，如图 7 - 17 所示。

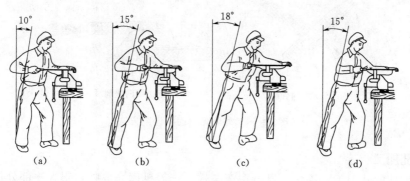

图 7 - 17 锉削的姿势

（3）锉刀的运动。锉刀的平直运动是锉削的关键。锉削的力有水平推力和垂直压力两种。推动主要由右手控制，其大小必须大于锉削阻力才能锉去切屑，压力是由两个手控制的，其作用是使锉齿深入金属表面。锉削速度一般为 30～60 次/min。

（4）工件锉削方法。

155

1）平面锉削。平面锉削是最基本的锉削，常用两种方法锉削，如图 7 - 18 所示。

（a）顺向锉法。锉刀沿着工件表面横向或纵向移动，锉削平面可得到下正直的锉痕，比较美观。适用于工件锉光、锉平或锉顺锉纹。

（b）交叉锉法。交叉锉法是以交叉的两个方向顺序地对工件进行锉削。由于锉痕是交叉的，容易判断锉削表面的不平程度，因此也容易把表面锉平，交叉锉法去屑较快，适用于平面的粗锉。

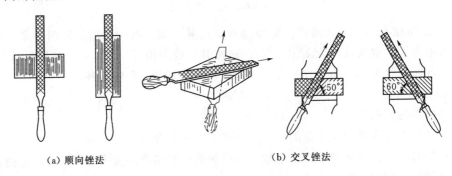

（a）顺向锉法　　　　　　　　　　（b）交叉锉法

图 7 - 18　平面锉削的方法

2）外圆弧曲面锉削。工件加工中会经常碰到各种曲面，用锉削的方法加工曲面是钳工的一种常见的加工方法。锉削外圆弧面所用的锉刀都为板锉，锉削时锉刀要同时完成两个运动过程，前进运动和锉刀绕工件圆弧中心的转动，如图 7 - 19 所示，其方法有两种：

（a）顺向锉削。锉削时，锉刀向前，右手下压，左手随着上提。此种方法能使圆弧面锉得光洁圆滑，但锉削位置不易掌握且效率不高，故适用于精锉圆弧。

（b）横向锉削。锉削时，锉刀做直线运动，并不随圆弧摆动。此种方法效率高且便于按划线均匀锉近圆弧，但只能锉成近似圆弧面的多棱形面，故适用于圆弧面的粗加工。

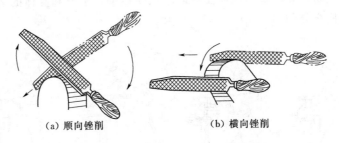

（a）顺向锉削　　　　　　　　　（b）横向锉削

图 7 - 19　外圆弧曲面的锉削方法

六、孔加工

各种零件的孔加工，除去一部分由车、镗、铣等机床完成外，很大一部分是由钳工利用钻床和钻孔工具（钻头、扩孔钻、铰刀等）完成的。钳工加工孔的方法一般指钻孔、扩孔和铰孔。用钻头在实体材料上加工孔称为钻孔。

1. 钻头

钻头是钻孔用的刀削工具，常用高速钢制造，工作部分经热处理淬硬至 $62\sim65$HRC。一般钻头由柄部、颈部及工作部分组成。

（1）柄部。柄部是钻头的夹持部分，起传递动力的作用，柄部有直柄和锥柄两种，直柄传递扭矩较小，一般用在直径小于 12mm 的钻头；锥柄可传递较大扭矩，用在直径大于 12mm 的钻头。

（2）颈部。颈部是砂轮磨削钻头时退刀用的，钻头的直径大小等一般也刻在颈部。

（3）工作部分。工作部分包括导向部分和切削部分。导向部分有两条狭长、螺纹形状的韧带（棱边亦即副切削刃）和螺旋槽。棱边的作用是引导钻头和修光孔壁；两条对称螺旋槽的作用是排除切屑和输送切削液（冷却液）。切削部分结构如图 7-20 所示，它有两条主切屑刃和一条柄刃。两条主切屑刃之间通常为 118°±2°，称为顶角。

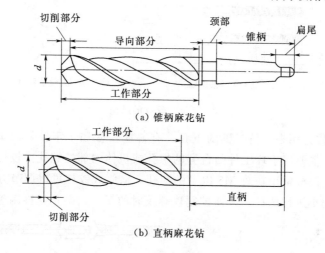

（a）锥柄麻花钻

（b）直柄麻花钻

图 7-20 麻花钻结构

2. 钻孔操作

（1）钻孔前一般先画线，确定孔的中心，在孔中心先用冲头打出较大中心眼。

（2）钻孔时应先钻一个浅坑，以判断是否对中。

（3）在钻削过程中，特别钻深孔时，要经常退出钻头以排出切屑和进行冷却，否则可能使切屑堵塞或钻头过热磨损甚至折断，并影响加工质量。

（4）钻通孔时，当孔将被钻透时，进刀量要减小，避免钻头在钻穿时的瞬间抖动，出现"啃刀"现象，影响加工质量，损伤钻头，甚至发生事故。

（5）钻削大于直径 30 的孔应分两次钻，第一次先钻第一个直径较小的孔（为加工孔径的 0.5～0.7）；第二次用钻头将孔扩大到所要求的直径。

（6）钻削时的冷却润滑：钻削钢件时常用机油或乳化液；钻削铝件时常用乳化液或煤油；钻削铸铁时则用煤油。

七、攻螺纹

常用的角螺纹工件，其螺纹除采用机械加工外，还可以用钳加工方法中的攻螺纹和套螺纹来获得。攻螺纹（亦称攻丝）是用丝锥在工件内圆柱面上加工出内螺纹；套螺纹（或称套丝、套扣）是用板牙在圆柱杆上加工外螺纹。

1. 攻螺纹

（1）攻螺纹工具。

1) 丝锥。丝锥是用来加工较小直径内螺纹的成形刀具，一般选用合金工具钢 9SiGr 制成，并经热处理制成。丝锥由工作部分和柄部组成（图 7-21）。工作部分是由切削部分和校准部分组成。轴向有几条容屑槽，相应地形成几瓣刀刃和前角。切削部分是切削螺纹的重要部分，常磨成圆锥形，以便使切削负荷分配在几个刀齿上。校准部分具有完整的牙齿，用于修光螺纹和引导丝锥沿轴向运动。柄部有方头，其作用是与铰杠相配合并传递扭矩。

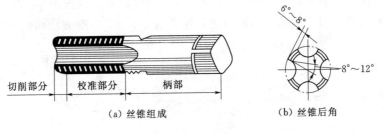

（a）丝锥组成　　（b）丝锥后角

图 7-21　丝锥的结构

2) 铰杠。铰杠是用来夹持丝锥的工具，有普通铰杠和丁字铰杠两类（图 7-22、图 7-23）。丁字铰杠主要用于攻工件凸台旁的螺孔或机体内部的螺孔。铰杠又分固定式和活络式两种。固定式铰杠常用在攻 M5 以下的螺孔，活络式铰杠可以调节方孔尺寸。使用时应根据丝锥尺寸大小进行选择，以便控制攻螺纹时的扭矩，防止丝锥因施力不当而扭断。

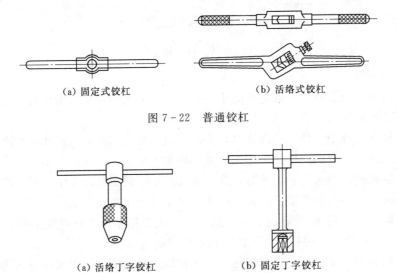

（a）固定式铰杠　　（b）活络式铰杠

图 7-22　普通铰杠

（a）活络丁字铰杠　　（b）固定丁字铰杠

图 7-23　丁字铰杠

（2）攻螺纹前钻底孔直径和深度的确定以及孔口的倒角。丝锥在攻螺纹的过程中，切削刃主要是切削金属，但还有挤压金属的作用，因而造成金属凸起并向牙尖流动的现象，所以攻螺纹前，钻削的孔径（即底孔）应大于螺纹内径。攻盲孔（不通孔）的螺纹时，因丝锥不能攻到底，所以孔的深度要大于螺纹的长度。

攻螺纹前要在钻孔的孔口进行倒角，以利于丝锥的定位和切入。倒角的深度大于螺纹的螺距。

（3）攻螺纹的操作要点及注意事项。

1）根据工件上螺纹孔的规格，正确选择丝锥，先头锥后二锥，不可颠倒使用。

2）工件装夹时，要使孔中心垂直于钳口，防止螺纹攻歪。

3）用头锥攻螺纹时，先旋入1～2圈后，要检查丝锥是否与孔端面垂直（可目测或直角尺在互相垂直的两个方向检查）。当切削部分已切入工件后，每转1～2圈应反转1/4圈，以便切屑断落；同时不能再施加压力（即只转动不加压），以免丝锥崩牙或攻出的螺纹齿较瘦。

4）攻钢件上的内螺纹，要加机油润滑，可使螺纹光洁、省力和延长丝锥使用寿命；攻铸铁上的内螺纹可不加润滑剂，或者加煤油；攻铝及铝合金、紫铜上的内螺纹，可加乳化液。

5）不要用嘴直接吹切屑，以防切屑飞入眼内。

2. 套螺纹

（1）套螺纹工具。

1）板牙。板牙是加工外螺纹的刀具，用合金工具9SiGr制成，并经热处理淬硬（图7-24）。其外形像一个圆螺母，只是上面钻有3～4个排屑孔，并形成刀刃。板牙由切屑部分、定位部分和排屑孔组成。圆板牙螺孔的两端有40°的锥度部分，是板牙的切削部分。定位部分起修光作用。板牙的外圆有一条深槽和四个锥坑，锥坑用于定位和紧固板牙。

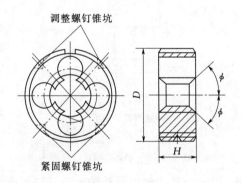

图7-24 板牙

2）板牙架。板牙架是用来夹持板牙、传递扭矩的工具（图7-25）。不同外径的板牙应选用不同的板牙架。

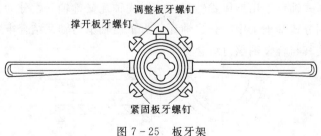

图7-25 板牙架

（2）套螺纹前圆杆直径的确定和倒角。与攻螺纹相同，套螺纹时有切削作用，也有挤压金属的作用。故套螺纹前必须检查圆桩直径。圆杆直径应稍小于螺纹的公称尺寸。

套螺纹前圆杆端部应倒角，使板牙容易对准工件中心，同时也容易切入。倒角长度应大于一个螺距，斜角为 $15°\sim30°$。

第二节　常用轴承及润滑剂

一、常用轴承

轴承是机器、仪表中的重要支承零件，其主要作用是支撑转动（或摆动）的运动部件，保证轴和轴上传动件的回转精度，减少摩擦和磨损。根据工作时摩擦性质的不同，轴承分为滑动轴承和滚动轴承两大类。

1. 滑动轴承

在滑动摩擦下运转的轴承称为滑动轴承。滑动轴承在高速、重载、要求剖分结构等场合中，如汽轮机、离心式压缩机、内燃机、大型电机等设备中应用广泛。

（1）滑动轴承的种类。根据受载方式的方向不同，滑动轴承可分为径向滑动轴承、止推滑动轴承和径向止推滑动轴承三种主要形式，如图 7-26 所示。

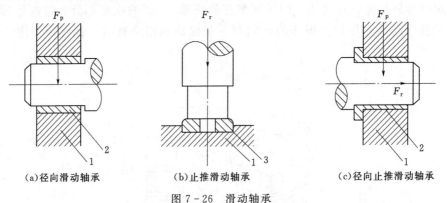

(a)径向滑动轴承　　(b)止推滑动轴承　　(c)径向止推滑动轴承

图 7-26　滑动轴承

1—滑动轴承座；2—轴瓦或轴套；3—止推垫圈

（2）滑动轴承的组成。滑动轴承主要由滑动轴承座、轴瓦或轴套组成。轴承工作的好坏主要取决于轴瓦，轴瓦有整体式和对开式两种，对开式轴瓦如图 7-27 所示。为了使润滑油分布到轴承工作面上，轴瓦的内表面需开设油沟，如图 7-28 所示。但应开在轴瓦不承受载荷的内表面上，否则会破坏油膜的连续性而影响承载能力。油沟的棱角应倒钝以免刮油。整体式整体式轴承采用整体式轴瓦，整体式轴瓦又称轴套，分为光滑轴套和带纵向油槽轴套两种。剖分式轴承采用剖分式轴瓦。为了使轴承与轴瓦结合牢固，可在轴瓦基体内壁制出沟槽，使其与合金轴承衬结合更牢。

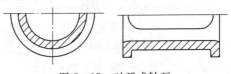

图 7-27　对开式轴瓦

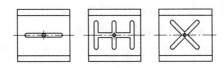

图 7-28 常见的油沟形状

（3）滑动轴承的失效形式。最常见的失效形式：是轴瓦磨损、胶合、疲劳破坏和由于制造工艺原因而引起的轴承衬脱落。其中最主要的是磨损和胶合。

根据轴承的主要失效形式，对轴承材料的主要要求是：良好的减摩性、耐磨性和抗胶合性；良好的跑合性、顺应性、嵌藏性和塑性；足够的抗压强度和疲劳强度；良好的导热性、耐腐蚀等。

2. 滚动轴承

滚动轴承是依靠滚动体与轴承座圈之间的滚动接触来工作的轴承，用于支承旋转零件或摆动零件。保持轴的旋转精度，减少转轴与支承之间的摩擦和磨损。滚动轴承的特点有摩擦阻力小、启动灵敏、效率高、旋转精度高、润滑简便和装拆方便，且为标准零部件，根据需要直接选用，应用广泛。

（1）滚动轴承的结构。滚动轴承主要由内圈、外圈、滚动体、保持架等组成（图 7-29）。滚动体是轴承中形成滚动摩擦必不可少的零件，其形状有球形、短圆柱滚子、长圆柱滚子、鼓形滚子、圆锥滚子和滚针等。保持架的作用是把滚动体均匀地隔开，以避免相邻的两滚动体直接接触而加剧磨损。

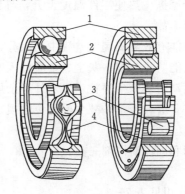

图 7-29 滚动轴承的基本结构
1—外圈；2—内圈；3—滚动体；4—保持架

（2）滚动轴承的分类及特点。根据所受载荷的不同，滚动轴承如图 7-30 所示，有如下划分：

1）单向推力球轴承。承受单向轴向载荷，滚动体与套圈多半可分离。紧圈与轴相配合。载荷作用线必须与轴线重合，不允许有角偏差，极限转速低，适用于轴向载荷大、转速不高的地方。

2）深沟球轴承。主要承受径向载荷，亦能承受一定的双向轴向载荷。高转速时，可用来承受纯轴向载荷，价格便宜。

3）角接触球轴承。可以同时承受径向及轴向载荷，亦可单独承受轴向载荷。α 越大，轴向承载能力也越大。通常须成对使用，对称安装，极限转速较高。

4）圆柱滚子轴承。只能承受径向载荷，承载能力大，抗冲击能力强。内外圈可分离，对轴的偏斜敏感，极限转速较高。适用于刚性较大、与支承座孔能很好对中的轴的支承。

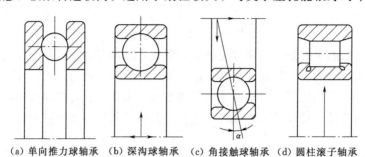

(a) 单向推力球轴承　(b) 深沟球轴承　(c) 角接触球轴承　(d) 圆柱滚子轴承

图 7-30　常见滚动轴承

（3）滚动轴承的失效形式。滚动轴承的失效形式主要有疲劳点蚀、塑性变形和磨损。

二、润滑剂

1. 润滑剂的作用

（1）减少摩擦和磨损。由于润滑膜可减少两运动件间的摩擦因子，所以会减少零件的磨损消耗，同时还能起到阻尼作用和吸振作用，从而延长设备寿命，减少功耗，改善设备的运转特性。

（2）冷却散热。防止由于摩擦生热使零件温度上升，导致粘着磨损和腐蚀磨损加剧，甚至烧坏橡胶密封圈或轴瓦等事故。

（3）密封保护。润滑油脂能有效隔离潮湿空气中的水分、氧和有害介质侵蚀，也可防止内部介质的泄漏，润滑脂还能防止水湿、灰尘、杂质侵入摩擦副。

（4）洗涤污垢。摩擦副运动时会产生磨粒，以及外界杂质、尘砂等都会加剧摩擦面的磨损，强制液体循环润滑可将其磨粒带走，减少或避免磨损。

2. 润滑剂种类

润滑剂有润滑油、润滑脂和固体润滑剂三类。

（1）润滑油。

1）润滑油的主要分类及作用见表 7-3。

表 7-3　　　　　　　　　　润滑油的主要分类及作用

种　类	作　用
汽油机油和柴油机油	润滑与冷却
机械油（包括高速机械油）	润滑
压缩机油、汽轮机油、冷冻机油和汽缸油	密封
齿轮油	主要质量要求是润滑性和抗磨性，同时为了保证汽车、拖拉机在低温下启动，还应有较低的凝固点

2）润滑油的选择原则：

（a）在保证机器摩擦零件的安全运转，为了减少能量的损耗，优先选黏度小的润滑油。

（b）对于高速轻负荷工作的摩擦零件，选黏度小的润滑油；对于低转速重负荷运转的零件，应选黏度大的润滑剂。

（c）对于冬天运转的机器应选择黏度小、凝固点低的润滑油；夏季工作的转动零件应选黏度大的润滑油。

（d）受冲击负荷和做往复运行摩擦表面，应选用黏度大的润滑剂。

（e）对工作温度较高、磨损较严重和加工比较粗糙的摩擦表面，选用黏度大的润滑剂。

（f）对在高温下工作的机器应选用闪点高的润滑剂。

（g）当没有合适的专用润滑油时，应选择黏度相近的代用油或混合油（配制）。

（2）润滑脂。润滑脂又称干油，俗称黄油，是在润滑油中添加稠化剂、添加剂和填充剂等而形成的脂状润滑剂。润滑脂的性能主要取决于所用的基础油——润滑油，润滑油的用量占 $70\%\sim90\%$。稠化剂的作用是减少润滑油的流动性，提高其在摩擦表面的附着能力。添加剂或填充剂的作用是改善润滑脂的性能和使用寿命。

润滑脂的特点：

1）黏度随温度变化小，因此使用温度范围较润滑油广。

2）黏附能力强，油膜强度高，且有耐高压和极压性，故承载能力较大，在高温、极压、低速、冲击、振动、间歇运转、变换转向等苛刻条件下耐用。

3）黏性大，不易流失、容易密封，密封装置和使用维护都较简单。

4）使用寿命长，消耗量少。

5）因其流动性和散热能力差，摩擦阻力大，启动力矩较大，故不宜用于高速高温场合。

6）不能带走摩擦表面的污物，脂中污物不易除去。

（3）固体润滑剂。固体润滑剂是利用天然石墨及油脂类聚合物合成的一种润滑剂，常用固体润滑剂有二硫化钼、石墨、自润滑材料等。摩擦面间的固体润滑剂呈粉末或薄膜状态，以达到降低摩擦、减少磨损的目的，是油田钻井作业不可缺少的润滑材料。

第八章

职业道德和质量管理知识

职业道德是一般道德在职业行为中的反映，是社会分工的产物。它是社会一般道德的一个重要领域，是社会一般道德在特定职业行业中的具体反映。职业道德是人们在职业活动过程中一刻都不能离开的行为和工作准绳。良好的职业道德可以拨正人生态度，激励人生进取，优化人际关系，提高职业群体素质，促进社会精神和物质文明的健康发展。

质量管理是企业为保证和提高产品、技术或服务的质量，达到满足市场的客户需求所进行的一系列经营活动，从整体上来说，包括制定企业质量方针、质量目标、工作程序、操作规程、管理标准以及确定内部、外部的质量保证和质量控制的组织机构、组织实施等活动。质量管理是企业经营的一个重要内容，是关系到企业生存和发展的重要问题，也可以说是企业的生命线，其主要内容有岗位的质量要求、质量目标、质量保证措施和质量责任等方面。

第一节 职 业 道 德

一、职业道德的概念

道德是社会学意义上的一个基本概念。不同的社会制度，不同的社会阶层都有不同的道德标准。所谓道德，就是由一定社会的经济基础所决定，以善恶为评价标准，以法律为保障并依靠社会舆论和人们内心信念来维系的、调整人与人、人与社会及社会各成员之间关系的行为规范的总和。

职业道德是指人们在职业生活中应遵循的基本道德，是人们在进行职业活动过程中，一切符合职业要求的心理意识、行为准则和行为规范的总和。职业道德是一种内在的、非强制性的约束机制，是用来调整职业个人、职业主体和社会成员之间关系的行为规范。它既反映某种职业特殊性，也反映各个行业职业的共同性；既是从业人员履行本职工作时从思想到行为应该遵守的准则，也是各个行业职业在道德方面对社会应尽的责任和义务。

二、职业道德的本质

1. 职业道德是生产发展和社会分工的产物

自从人类社会出现了农业和畜牧业、手工业的分离，以及商业的独立，社会分工就逐渐成为普遍的社会现象。由于社会分工，人类的生产就必须通过各行业的职业劳动来实现。随着生产发展的需要，随着科学技术的不断进步，社会分工越来越细。

分工不仅没有把人们的活动分成彼此不相联系的独立活动，反而使人们的社会联系日益加强，人与人之间的关系越来越紧密，越来越扩大，经过无数次的分化与组合，形成了今天社会生活中的各种各样的职业，并形成了人们之间错综复杂的职业关系。这种与职业相关联的特殊的社会关系，需要有与之相适应的特殊的道德规范来调整，职业道德就是作为适应并调整职业生活和职业关系的行为规范而产生的，可见，生产的发展和社会分工的出现是职业道德形成、发展的历史条件。

2. 职业道德是人们在职业实践活动中形成的规范

人们对自然、社会的认识，依赖于实践，正是由于人们在各种各样的职业活动实践中，逐渐地认识人与人之间、个人与社会之间的道德关系，从而形成了与职业实践活动相联系的特殊的道德心理、道德观念、道德标准。由此可见，职业道德是随着职业的出现以及人们的职业生活实践形成和发展起来的，有了职业就有了职业道德，出现一种职业就随之有了关于这种职业的道德。

3. 职业道德是职业活动的客观要求

职业活动是人们由于特定的社会分工而从事的具有专门业务和特定职责，并以此作为主要生活来源的社会活动。各个行业的职业活动不仅意味着承担一定的社会责任、享有一定的社会权利，同时也体现着社会整体利益、职业服务对象的公众利益和从业者个人利益的交汇和结合，如何处理好它们之间的关系，不仅是职业的责任和权利之所在，也是职业内在的道德内容，没有相应的道德规范，职业活动就不可能真正担负起它的社会职能。职业道德是职业活动自身的一种必要的生存与发展条件。

4. 职业道德是社会经济关系决定的特殊社会意识形态

职业道德虽然是在特定的职业生活中形成的，但它作为一种社会意识形态，则深深根植于社会经济关系之中，决定于社会经济关系的性质，并随着社会经济关系的变化而变化发展着。

在人类历史上，社会的经济关系归根到底只有两种形式：一种是以生产资料私有制为基础的经济结构；另一种是以生产资料公有制为基础的经济结构。与这两种经济结构相适应也产生了两种不同类型的职业道德：一种是私有制社会的职业道德，包括奴隶社会、封建社会和资本主义社会的职业道德；另一种是公有制社会即社会主义社会的职业道德。以公有制为基础的社会主义的职业道德与私有制条件下的各种职业道德有着根本性的区别。

社会主义社会人与人之间的关系，不再是剥削与被剥削、雇佣与被雇佣的职业关系，从事不同的职业活动，只是社会分工不同，而没有高低贵贱的区别，每个职业工作者都是平等的劳动者，不同职业之间是相互服务的关系。每个职业活动都是社会主义事业的一个组成部分。各种职业的职业利益同整个社会的利益，从根本上说是一致的。因此，各行各业有可能形成共同的职业道德规范，这是以私有制为基础的社会的职业道德难以实现的。

三、职业道德的特征

1. 职业性

职业道德的内容与职业实践活动紧密相连，反映着特定职业活动对从业人员行为的道德要求。每一种职业道德都只能规范本行业从业人员的职业行为，在特定的职业范围内发挥作用。

2. 实践性

职业行为过程，就是职业实践过程，只有在实践过程中，才能体现出职业道德的水准。职业道德的作用是调整职业关系，对从业人员职业活动的具体行为进行规范，解决现实生活中的具体道德冲突。

3. 继承性

在长期实践过程中形成的习惯，会被作为经验和传统继承下来。即使在不同的社会经济发展阶段，同样一种职业因服务对象、服务手段、职业利益、职业责任和义务相对稳定，职业行为的道德要求的核心内容将被继承和发扬，从而形成了被不同社会发展阶段普遍认同的职业道德规范。

4. 多样性

不同的行业和不同的职业，有不同的职业道德标准。

四、职业道德的基本要求

随着现代社会分工的发展和专业化程度的提升，市场竞争日趋激烈，整个社会对从业人员职业观念、职业态度、职业技能、职业纪律和职业作风的要求越来越高。要大力倡导以爱岗敬业、诚实守信、办事公道、服务群众、奉献社会为主要内容的职业道德，鼓励人们在工作中做一个好的建设者。

1. 爱岗敬业

爱岗敬业是对人们工作态度的一种普遍的要求，在任何部门、任何岗位工作的公民，都应爱岗、敬业，从这个意义上说，爱岗敬业是社会公德中一个最普遍、最重要的要求。爱岗，就是热爱自己的本职工作，能够为做好本职工作尽心尽力；敬业，就是要用一种恭敬严肃的态度来对待自己的职业，即对自己的工作要专心、认真、负责任。爱岗与敬业是相辅相成、相互支持的。

提倡爱岗敬业，并非说一个人一辈子只能待在某一个岗位上，而是无论他在什么岗位，只要在岗一天，就应当认真负责地工作一天。岗位、职业可能有多次变动，但对其工作的态度始终都应当是勤勤恳恳、尽职尽责。

2. 诚实守信

诚实守信，是为人处世的基本准则，是一个人能在社会生活中安身立命之根本。诚实守信是社会主义社会公民的职业道德之一，每一位公民、每个企业主、每个经营者，都要遵守这一基本准则。同时，诚实守信也是一个企业、事业单位行为的基本准则。信誉是企业在市场经济中赖以生存的重要依据，而良好的产品质量和服务是建立企业信誉的基础。企业的从业人员必须在职业活动中以诚实守信的职业态度，为社会创造和提供产品服务。

3. 办事公道

办事公道是很多行业、岗位必须遵守的职业道德，其含义是以国家法律、法规、各种纪律、规章以及公共道德准则为标准，秉公办事，公平、公正地处理问题。其主要内容有：①秉公执法，不徇私情，坚持法律面前人人平等的原则，正确处理执法中的各种问题；②在体育比赛和劳动竞赛的裁决中，提倡公平竞争，不偏袒，无私心，作出公平、公正的裁决；③在政府公务活动中对群众一视同仁，不论职位高低、关系亲疏，一律以同志态度热情服务，一律照章办事，不搞拉关系、走后门那一套；④在服务行业的工作中做到诚信无欺、买卖公平。秤平尺足，不能以劣充优、以次充好。同时，对顾客一视同仁，不以貌取人，不以年龄取人。

4. 服务群众

服务群众是为人民服务的道德要求在职业道德中的具体体现，是国家机关工作人员和各个服务行业工作人员必须遵守的道德规范。其主要内容有：①树立全心全意为人民服务的思想，热爱本职工作，甘当人民的勤务员；②文明待客，对群众热情和蔼，服务周到，说话和气，急群众之所急，想群众之所想，帮群众之所需；③廉洁奉公，不利用职务之便谋取私利，坚决抵制拉关系走后门等不正之风；④对群众一视同仁，不以貌取人，不分年龄大小，不论职位高低，都以同志态度热情服务；⑤自觉接受群众监督，欢迎群众批评，有错即改，不护短，不包庇，不断提高服务水平。

5. 奉献社会

奉献社会是社会主义职业道德的最高要求，是为人民服务和集体主义精神的最好体现。每个公民无论在什么行业，什么岗位，从事什么工作，只要他爱岗敬业，努力工作，就是在为社会做出贡献。如果在工作过程中不求名、不求利，只奉献、不索取，则体现出宝贵的无私奉献精神，这是社会主义职业道德的最高境界。

第二节　质量管理知识

一、企业的质量方针

企业的质量方针是由企业的最高管理者发布的企业全面的质量宗旨和质量方向，是企业总方针的重要组成部分。企业的质量方针体现着企业在质量管理工作方面的经营理念，它规定着企业在提供产品、技术或服务质量所要达到的标准水平。

企业质量管理方针一般包括关于产品设计质量、同供应厂商关系、质量活动要求以及售后服务等几个方面的基本内容。职工在工作中必须熟记并认真贯彻企业的质量管理方针，全面完成本岗位工作的质量目标，把自己的工作岗位作为实现企业质量方针的一个环节，在工作中不断进行改善，精益求精，努力提高产品和工作质量，为全面实现企业质量方针做出自己的贡献。

二、岗位的质量要求

岗位的质量要求是企业根据对产品、技术或服务最终的质量要求和本身的条件，对各个岗位质量工作提出的具体要求，一般体现在各个岗位的工作指导书或工艺规程中，包括操作程序、工作内容、工艺规程、参数控制、工序的质量指标、各项质量记录等。

岗位的质量要求是每个职工必须做到的基本的岗位工作职责。

三、岗位的质量保证措施

岗位的质量管理措施是为实现各个岗位的质量要求所采取的具体实施方法，主要包括以下内容：

（1）要有明确的岗位质量责任制度，对岗位工作要按作业指导书或工艺规程的规定，明确岗位工作的质量标准以及上下工序之间、不同班次之间对应的质量问题的责任、处理方法和权限。

（2）要经常通过对本岗位产生的质量问题进行统计与分析等活动，采用排列图、因果图和对策表等数理统计方法，提出解决问题的办法和措施，必要时经过专家咨询来改进岗位工作。

（3）要加强对职工的质量培训工作，提高职工的质量观念和质量意识，并针对岗位的工作特点，进行保证质量方面的方法与技能的学习和培训，提升操作者的技能水平，以提高产品、技术或服务的质量水平。

第九章

相 关 法 律 法 规 知 识

劳动法是我国法律体系中的一个独立部门，劳动法的调整对象是劳动关系和与劳动关系有着密切联系的其他关系。学习劳动法，有助于我们理解并掌握劳动法对于保护劳动者的合法权益和调整维护双方稳定和谐的劳动关系的重要性，以及劳动法对于保证我国社会主义现代化建设顺利进行的重要性，并且能够提高我们遵守和执行劳动法的自觉性。

合同法是市场经济的基本法，是民商法的重要组成部分。合同法所规范的合同与人们的生产、生活息息相关，是人们生产、生活中所不可或缺的法律手段。合同法在规范市场主体及其经济行为、维系市场秩序、促进经济发展等方面起着不可替代的作用。

第一节 劳 动 法 基 本 知 识

一、劳动法的定义

劳动法是国家为了保护劳动者的合法权益，调整劳动关系，建立和维护适应社会主义市场经济的劳动制度，促进经济发展和社会进步，根据宪法而制定颁布的法律。

从狭义上讲，我国劳动法是指 1994 年 7 月 5 日第八届人民代表大会通过，1995 年 1 月 1 日起施行的《中华人民共和国劳动法》（简称《劳动法》）；从广义上讲《劳动法》是调整劳动关系以及调整与劳动关系密切联系的其他社会关系的法律规范的总称。

二、劳动者的权利和义务

我国《劳动法》总则第三条规定：劳动者享有平等就业和选择职业的权利、取得劳动报酬的权利、休息休假的权利、获得劳动安全卫生保护的权利、接受职业技能培训的权利、享受社会保险和福利的权利、提请劳动争议处理的权利以及法律规定的其他劳动权利。

同时，劳动者应当履行完成劳动任务，提高职业技能，执行劳动安全卫生规程，遵守劳动纪律和职业道德的义务。

《劳动法》所指的劳动者，应当年满 16 周岁，且尚未享受基本养老保险待遇或退休金。

三、劳动合同制度

1. 劳动合同制的概念

劳动合同制就是从合同形式明确用工单位和劳动者个人的权利与义务，实现劳动者与生产资料科学结合的方式，是确立社会主义劳动关系、适应社会主义市场经济发展需要的一项重要劳动法律制度。

在任何社会，劳动者都必须与生产资料结合，才能够进行社会生产。在资本主义制度下，劳动者与生产资料的结合是通过工人向资本家出卖劳动力来实现的。工人和资本家通过订立劳动合同，以确定双方的权利和义务。订立合同的双方表面上是平等的，但实际上，工人处于被资本家剥削、奴役的地位，不得不接受苛刻的雇佣条件。因此，资本主义制度下的劳动合同所体现的劳动关系是雇佣关系。

在社会主义制度下，劳动者平等地占有公共的生产资料，所有劳动者都有利用公共的生产资料、公共的土地、公共的工厂进行劳动的同等权利。但是，任何具体的劳动关系的建立又都是有条件的，要受到劳动者本人的专长、志趣、生理因素，以及用人单位的工作需要和国家政策的制约。因此，劳动者与生产资料结合仍有必要采用劳动合同制，通过工人与用人单位订立劳动合同，明确规定双方的责任、义务和权利。社会主义制度下的劳动合同体现为劳动者个人和劳动者集体之间的劳动关系，反映了社会主义生产关系。

2. 劳动合同制的基本类型

劳动合同分三类：固定期限劳动合同、无固定期限劳动合同和以完成一定工作任务为期限的劳动合同。

（1）固定期限劳动合同：用人单位与劳动者约定合同终止时间的劳动合同，有一定期限。用人单位与劳动者协商一致，可以订立固定期限劳动合同。

（2）无固定期限劳动合同：用人单位与劳动者约定无确定终止时间的劳动合同。用人单位与劳动者协商一致，可以订立无固定期限劳动合同。

有下列情形之一，劳动者提出或者同意续订、订立劳动合同的，除劳动者提出订立固定期限劳动合同外，应当订立无固定期限劳动合同：

1）劳动者在该用人单位连续工作满十年的。

2）用人单位初次实行劳动合同制度或者国有企业改制重新订立劳动合同时，劳动者在该用人单位连续工作满十年且距法定退休年龄不足十年的。

3）连续订立二次固定期限劳动合同，且劳动者没有《劳动法》第三十九条和第四十条第一项、第二项规定的情形，续订劳动合同的。

如果用人单位自用工之日起满一年不与劳动者订立书面劳动合同的，视为用人单位与劳动者已订立无固定期限劳动合同。

（3）以完成一定工作任务为期限的劳动合同：用人单位与劳动者约定以某项工作的完成为合同期限的劳动合同。用人单位与劳动者协商一致，可以订立以完成一定工作任务为期限的劳动合同。

3. 订立劳动合同的原则

（1）平等自愿原则：劳动者和用人单位在订立劳动合同时法律地位平等，订立劳动合同完全是出于劳动者和用人单位双方的真实意思的表示，出于自愿而签订。

（2）协商一致原则：合同条款是经双方协商一致达成的，任何一方不得把自己的意志强加给另一方，不得强迫订立劳动合同。

（3）依法订立原则：合法原则要求劳动合同的形式合法和内容合法。按照劳动合同法的规定，除非全日制用工外，都应当以书面形式订立劳动合同。劳动合同内容必须具备必备条款，且内容不得违反法律、行政法规的规定。

下列劳动合同无效：

1）违反法律、行政法规的劳动合同。

2）采取欺诈、威胁等手段订立的劳动合同。

无效的劳动合同，从订立的时候起，就没有法律约束力。确认劳动合同部分无效的，如果不影响其余部分的效力，其余部分仍然有效。

劳动合同的无效，由劳动争议仲裁委员会或者人民法院确认。

4. 劳动合同的内容

根据《劳动法》的规定，劳动合同一般包括以下内容：

（1）合同期限。

（2）工作内容。

（3）劳动保护和劳动条件。

（4）劳动报酬。

（5）劳动纪律。

（6）劳动合同终止条件。

（7）违反劳动合同的责任。

除这些必备条款外，当事人还可以协商约定其他内容。即包括法定必备条款和协商条款。法定条款的具体内容，有些也需要协商而定；协商条款的具体内容，有些也需要依据有关规定协商。总之，两种条款的制定，均不能违背合法原则和平等自愿、协商一致的原则。两种条款具有同等法律效力。

5. 劳动合同的变更

劳动合同的变更是指劳动合同依法订立后，在合同尚未履行或者尚未履行完毕之前，经用人单位和劳动者双方当事人协商同意，对劳动合同内容作部分修改、补充或者删减的法律行为。劳动合同的变更是原劳动合同的派生，是双方已存在的劳动权利义务关系的发展。

允许变更劳动合同的条件是：①订立劳动合同时所依据的法律、法规已经修改，致使原来订立的劳动合同无法全面履行，需要作出修改；②企业经上级主管部门批准转产，原来的组织仍然存在，原签订的劳动合同也仍然有效，只是由于生产方向的变化，原来订立的劳动合同中的某些条款与发展变化的情况不相适应，需要作出相应的修改；③上级主管机关决定改变企业的生产任务，致使原来订立的劳动合同中有关产量、质量、生产条件等都发生了一定的变化，需要作出相应的修改，否则原劳动合同无法履行；④企业严重亏损或发生不可抗力的情况，确实无法履行劳动合同的规定；⑤当事人双方协商一致，同意对劳动合同的某些条款作出变更，但不得损害国家利益。

劳动合同变更的程序是：①及时向对方提出变更劳动合同的要求，即提出变更劳动合同的主体可以是企业也可以是职工，无论哪一方要求变更劳动合同，都应当及时向对方提出变更劳动合同的要求，说明变更劳动合同的理由、内容、条件等；②按期向对方作出答复，即当事人一方得知对方变更劳动合同的要求后，应在对方规定的期限内作出答复，不得对对方提出的变更劳动合同的要求置之不理；③双方达成书面协议，即当事人双方就变更劳动合同的内容经过协商，取得一致意见，应当达成变更劳动合同的书面协议，书面协议应指明对哪些条款作出变更，并应订明变更后劳动合同的生效日期，书面协议经双方当事人签字盖章生效，并报企业主管部门或者上级劳动行政部门备案。

劳动合同的变更是在原合同的基础上对原劳动合同内容作部分修改、补充或者删减，而不是签订新的劳动合同。原劳动合同未变更的部分仍然有效，变更后的内容就取代了原合同的相关内容，新达成的变更协议条款与原合同中其他条款具有同等法律效力，对双方当事人都有约束力。

6. 劳动合同的解除

劳动合同的解除，是指劳动合同期限未满之前，由于出现某种情况，导致当事人双方提前终止劳动合同的法律效力，解除双方的权利和义务关系。劳动合同的解除必须遵守劳动法的规定。

（1）《劳动法》第二十五条规定：劳动者有下列情形之一的，用人单位可以解除劳动合同：

1）在试用期间被证明不符合录用条件的。

2）严重违反劳动纪律或者用人单位规章制度的。

3）严重失职，营私舞弊，对用人单位利益造成重大损害的。

4）被依法追究刑事责任的。

（2）《劳动法》第二十六条规定：有下列情形之一的，用人单位可以解除劳动合同，但是应当提前30日以书面形式通知劳动者本人：

1）劳动者患病或者非因工负伤，医疗期满后，不能从事原工作也不能从事由用人单位另行安排的工作的。

2）劳动者不能胜任工作，经过培训或者调整工作岗位，仍不能胜任工作的。

3）劳动合同订立时所依据的客观情况发生重大变化，致使原劳动合同无法履行，经当事人协商不能就变更劳动合同达成协议的。

（3）《劳动法》第二十七条规定：用人单位濒临破产进行法定整顿期间或者生产经营状况发生严重困难，确需裁减人员的，应当提前30日向工会或者全体职工说明情况，听取工会或者职工的意见，经向劳动行政部门报告后，可以裁减人员。

用人单位依据本条规定裁减人员，在六个月内录用人员的，应当优先录用被裁减的人员。

（4）《劳动法》第二十九条规定：劳动者有下列情形之一的，用人单位不得依据本法第二十六条、第二十七条的规定解除劳动合同：

1）患职业病或者因工负伤并被确认丧失或者部分丧失劳动能力的。

2）患病或者负伤，在规定的医疗期内的。

3）女职工在孕期、产期、哺乳期内的。

4）法律、行政法规规定的其他情形。

（5）劳动者解除劳动合同，应当提前30日以书面形式通知用人单位。有下列情形之一的，劳动者可以随时通知用人单位解除劳动合同：

1）在试用期内的。

2）用人单位以暴力、威胁或者非法限制人身自由的手段强迫劳动的。

3）用人单位未按照劳动合同约定支付劳动报酬或者提供劳动条件的。

四、劳动安全卫生制度

1. 劳动卫生的概念

劳动安全，又称职业安全，是指劳动者享有的在职业劳动中人身安全获得保障、免受职业伤害的权利。

劳动卫生是指生产劳动环境要合乎国家规定的卫生条件，防止有毒有害物质危害劳动者的健康。

2. 劳动安全卫生管理制度的主要内容

为了保障劳动者在劳动过程中的安全和健康，在组织劳动和科学管理方面的各项规章制度。我国劳动安全卫生管理制度的主要内容有：

（1）安全生产责任制。

（2）安全技术措施计划制度。

（3）安全生产教育、考核制度。

（4）安全生产检查制度。

（5）劳动保护检查制度。

（6）伤亡事故报告制度。

五、社会保险制度

社会保险是指国家为了预防和分担年老、失业、疾病以及死亡等社会风险，实现社会安全，而强制社会多数成员参加的，具有所得重分配功能的非营利性的社会安全制度。

社会保险是一种为丧失劳动能力、暂时失去劳动岗位或因健康原因造成损失的人口提供收入或补偿的一种社会和经济制度。社会保险计划由政府举办，强制某一群体将其收入的一部分作为社会保险税（费）形成社会保险基金，在满足一定条件的情况下，被保险人可从基金获得固定的收入或损失的补偿，它是一种再分配制度，它的目标是保证物质及劳动力的再生产和社会的稳定。

社会保险的主要项目包括养老保险、医疗保险、失业保险、工伤保险、生育保险。

六、劳动争议处理

1. 劳动争议的概念

劳动争议是指劳动关系当事人之间因劳动的权利与义务发生分歧而引起的争议。

2. 劳动争议的处理方式

（1）协商程序。协商是指劳动者与用人单位就争议的问题直接进行协商，寻找纠纷解决的具体方案。与其他纠纷不同的是，劳动争议的当事人一方为单位，一方为单位职工，因双方已经发生一定的劳动关系而使彼此之间相互有所了解。双方发生纠纷后最好先协商，通过自愿达成协议来消除隔阂。实践中，职工与单位经过协商达成一致而解决纠纷的情况非常多，效果很好。但是，协商程序不是处理劳动争议的必经程序。双方可以协商，也可以不协商，完全出于自愿，任何人都不能强迫。

（2）申请调解。调解程序是指劳动纠纷的一方当事人就已经发生的劳动纠纷向劳动争议调解委员会申请调解的程序。根据《劳动法》规定：在用人单位内，可以设立劳动争议调解委员会负责调解本单位的劳动争议。调解委员会委员由单位代表、职工代表和工会代表组成。一般具有法律知识、政策水平和实际工作能力，又了解本单位具体情况，有利于解决纠纷。除因签订、履行集体劳动合同发生的争议外均可由本企业劳动争议调解委员会调解。但是，与协商程序一样，调解程序也由当事人自愿选择，且调解协议也不具有强制执行力，如果一方反悔，同样可以向仲裁机构申请仲裁。

（3）仲裁程序。仲裁程序是劳动纠纷的一方当事人将纠纷提交劳动争议仲裁委员会进行处理的程序。该程序既具有劳动争议调解灵活、快捷的特点，又具有强制执行的效力，是解决劳动纠纷的重要手段。劳动争议仲裁委员会是国家授权、依法独立处理劳动争议案件的专门机构。申请劳动仲裁是解决劳动争议的选择程序之一，也是提起诉讼的前置程序，即如果想提起诉讼打劳动官司，必须要经过仲裁程序，不能直接向人民法院起诉。

（4）诉讼程序。根据《劳动法》第八十三条规定："劳动争议当事人对仲裁裁决不服的，可以自收到仲裁裁决书之日起 15 日内向人民法院提起诉讼。一方当事人在法定期限内不起诉，又不履行仲裁裁决的，另一方当事人可以申请人民法院强制执行。"诉讼程序即我们平常所说的打官司。诉讼程序的启动是由不服劳动争议仲裁委员会裁决的一方当事人向人民法院提起诉讼后启动的程序。诉讼程序具有较强的法律性、程序性，作出的判决也具有强制执行力。

第二节　合同法相关知识

一、合同的概念

合同是平等主体的自然人、法人、其他组织之间设立、变更、终止民事权利义务关系的协议。

合同法是调整平等主体的自然人、法人、其他组织之间在设立、变更、终止合同时所发生的社会关系的法律规范总称。《中华人民共和国合同法》于 1999 年 3 月 15 日第九届全国人大第二次会议通过，于 1999 年 10 月 1 日起正式施行。

二、合同的特征

（1）合同是双方的法律行为。即需要两个或两个以上的当事人互为意思表示（意思表示就是将能够发生民事法律效果的意思表现于外部的行为）。

（2）双方当事人意思表示须达成协议，即意思表示要一致。

（3）合同是以发生、变更、终止民事法律关系为目的。

（4）合同是当事人在符合法律规范要求条件下而达成的协议，故应为合法行为。

合同一经成立即具有法律效力，在双方当事人之间就发生了权利、义务关系；或者使原有的民事法律关系发生变更或消灭。当事人一方或双方未按合同履行义务，就要依照合同或法律承担违约责任。

三、合同法的基本原则

（1）平等原则是指合同人的法律地位平等，即享有民事权利和承担民事义务的资格是平等的，一方不得将自己的意志强加给另一方。

（2）自愿原则。合同当事人依法享有自愿订立合同的权利，不受任何单位和个人的非法干预。合同法对自愿原则有以下含义：①合同当事人有订立或不订立合同的自由；②当事人有权选择合同相对人；③合同当事人有权决定合同的内容；④合同当事人有权决定合同形式。

（3）公平原则。合同人应当遵循公平原则确定各方的权利和义务。

（4）诚实信用原则。合同当事人行使权利、履行义务应当遵循诚实信用的原则。这是市场经济中形成的道德准则。

（5）遵守法律法规和公序良俗的原则。合同的订立和履行，应当遵循法律法规和公序良俗的原则。公序良俗就是公共秩序和善良风俗。善良风俗是以道德为核心的。

四、经济合同

1. 经济合同的概念

经济合同是指平等民事主体的法人、其他经济组织，个体工商户、农村承包经营户相互之间，为实现一定的经济目的，明确相互权利义务关系而订立的合同。它主要包括购销、建设工程承包、加工承揽、货物运输、供用电、仓储保管、财产租赁、借款、财产保险以及其他经济合同。

2. 经济合同的必备条件

经济合同应具备下列四个条件：

（1）经济合同当事人、经办人和代理人的资格要合法。

（2）经济合同的内容必须符合国家的法律、行政法规，不得违背国家利益或者社会公共利益。

（3）合同当事人必须平等自愿，协商一致，意思表示真实。

（4）合同的形式和主要条款必须完备。

3. 经济合同的必备条件

（1）标的，就是合同双方经济活动共同指向的目标，它指明了经济活动的性质。

（2）数量和质量，这是对标的的限制和说明。

（3）价款或酬金，是保证一方尽了义务后应该享有的权利。

（4）履行的期限、地点和方式，就是对履行自己义务方式的规定。

（5）违约责任，是为了保证在一方不遵守合同的情况下，另一方应该得到追究的权利的条款。

4. 经济合同纠纷的解决途径

（1）和解，当经济合同在履行过程中，双方发生了分歧意见，当事人在充分协商和相互谅解的基础上，自愿达成和解。当然，这种和解不能违反法律、政策和公共利益。

（2）调解，合同双方当事人发生了合同争议，彼此又不能达成和解，可以由双方当事人的上级单位，合同仲裁机关或者人民法院主持进行调解，从而在自愿的基础上达成调解协议。

（3）仲裁，当事人双方协商解决不成时，可以依据合同中订立的仲裁条款和以其他书面方式在纠纷发生前或发生后达成的仲裁协议，向仲裁机关申请仲裁。仲裁实行一裁终局的制度。

（4）诉讼，一方当事人不履行的，另一方当事人可以依照民事诉讼法的有关规定向人民法院申请执行。当事人依照民事诉讼法向人民法院起诉的经济合同纠纷，人民法院经调解无效的，可以依法对其作出裁定或判决。

五、技术合同

1. 技术合同的概念

技术合同，是当事人就技术开发、转让、咨询或者服务订立的确立相互之间权利和义务的合同。

2. 技术合同的特点

（1）技术合同的标的与技术有密切联系，不同类型的技术合同有不同的技术内容。技术转让合同的标的是特定的技术成果，技术服务与技术咨询合同的标的是特定的技术行为，技术开发合同的标的兼具技术成果与技术行为的内容。

（2）技术合同履行环节多，履行期限长，价款、报酬或使用费的计算较为复杂，一些技术合同的风险性很强。

（3）技术合同的法律调整具有多样性。技术合同标的物是人类智力活动的成果，这些技术成果中许多是知识产权法调整的对象，涉及技术权益的归属、技术风险的承担、技术专利权的获得、技术产品的商业标记、技术的保密、技术的表现形式等，受专利法、商标法、商业秘密法、反不正当竞争法、著作权法等法律的调整。

（4）当事人一方具有特定性，通常应当是具有一定专业知识或技能的技术人员。

（5）技术合同是双务、有偿合同。

3. 技术合同的分类

（1）技术开发合同：即当事人之间就新技术、新产品、新工艺、新材料及其系统的研究开发所订立的合同。

（2）技术转让合同：即当事人之间就专利权转让、专利申请权转让、专利实施许可及技术秘密的使用和转让所订立的合同。

（3）技术咨询合同：即当事人一方为另一方就特定技术项目提供可行性论证、技术预测、专题技术调查、分析评价报告所订立的合同。

（4）技术服务合同：即当事人一方以技术知识为另一方解决特定技术问题所订立的合同。

第十章

维 修 电 工 实 训 项 目

实训项目一 三 极 管 检 测

三极管是模拟电子技术的重要元器件。熟悉三极管放大原理、三极管管脚正确判断，是掌握三极管在放大电路中的正确运行的基本能力。因此，必须熟练地掌握三极管检测技能，三极管检测板如图 10 - 1 所示。

图 10 - 1　三极管检测板

一、半导体三极管的管脚判别

在安装半导体三极管之前，首先需清楚三极管的管脚排列。一方面可以通过查手册获得，另一方面也可利用电子仪器进行测量，下面讲一下利用万用表判定三极管管脚的方法。

1. 判定三极管基极 b

首先判定 PNP 型和 NPN 型晶体管：用万用表的 $R \times 1k\Omega$（或 $R \times 100\Omega$）挡，用黑表笔接三极管的任一管脚，用红表笔分别接其他两管脚。若表针指示的两阻值均很大，那么黑表笔所接的那个管脚是 PNP 型管的基极；如果万用表指示的两个阻值均很小，那么黑表笔所接的管脚是 NPN 型的基极；如果表针指示的阻值一个很大，一个很小，那么黑表笔所接的管脚不是基极。需要新换一个管脚重试，直到满足要求为止。万用表判定三极管基极示意如图 10 - 2 所示。

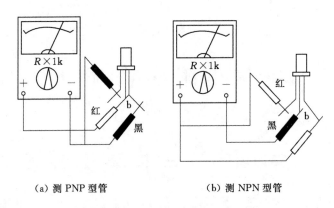

(a) 测 PNP 型管　　　　　　(b) 测 NPN 型管

图 10 - 2　万用表判定三极管基极示意图

2. 判定三极管集电极 c、发射极 e

首先假定一个管脚是集电极，另一个管脚是发射极；对 NPN 型三极管，黑表笔接假定是集电极的管脚，红表笔接假定是发射极的管脚（对于 PNP 型管，万用表的红、黑表笔对调）；然后用大拇指将基极和假定集电极连接（注意两管脚不能短接），这时记录下万用表的测量值；最后反过来，把原先假定的管脚对调，重新记录下万用表的读数，两次测量值较小的黑表笔所接的管脚是集电极（对于 PNP 型管，则红表笔所接的是集电极）。万用表判定三极管集电极、发射极示意如图 10 - 3 所示。

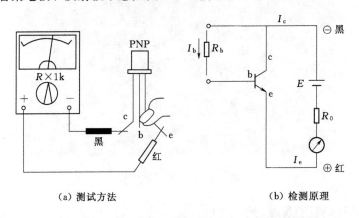

(a) 测试方法　　　　　　　　　(b) 检测原理

图 10 - 3　万用表判定三极管集电极、发射极示意图

3. 半导体三极管性能测试

在三极管安装前首先要对其性能进行测试。条件允许可以使用晶体管图示仪，亦可以使用普通万用表对晶体管进行粗略测量。

（1）估测穿透电流 I_{CEO}。用万用表 $R \times 1k\Omega$ 挡，对于 PNP 型管，红表笔接集电极，黑表笔接发射极（对于 NPN 型管则相反），此时测得阻值在几十到几百千欧以上。若阻值很小，说明穿透电流大，已接近击穿，稳定性差；若阻值为零，表示管子已经击穿；若阻值无穷大，表示管子内部断路；若阻值不稳定或阻值逐渐下降，表示管子噪声大、不稳定，不宜采用。

（2）估测电流放大系数 β。用万用表的 $R \times 1k\Omega$（或 $R \times 100\Omega$）挡。如果测 PNP 型

管，则按图 10-4 电路连接，图中的 $100\text{k}\Omega$ 电阻和开关 S，也可以用潮湿的手指捏住集电极和基极代替。若是测 NPN 型管，则红、黑表笔对调。对比 S 断开和接通时测得的电阻值（或手指断开和捏住时的电阻值），两个读数相差越大，表示该晶体管的 β 值越高；如果相差很小或不动，则表示该管已失去放大作用。

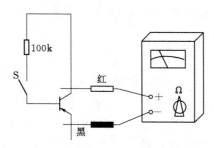

图 10-4 万用表判定三极管 β 示意图

（3）如果万用表带有三极管放大倍数 β 测量插座，可直接将三极管插入测量管座中，三极管的 β 值可直接显示出来。

二、使用半导体三极管应注意的事项

（1）使用三极管时，不得有两项以上的参数同时达到极限值。

（2）焊接时，应使用低熔点焊锡。管脚引线不应短于 10mm，焊接动作要快，每根引脚焊接时间不应超过 2s。

（3）三极管在焊入电路时，应先接通基极，再接入发射极，最后接入集电极。拆下时，应按相反次序，以免烧坏管子。在电路通电的情况下，不得断开基极引线，以免损坏管子。

（4）使用三极管时，要固定好，以免因振动而发生短路或接触不良，并且不应靠近发热元件。

三、练习题

三极管检测评分见表 10-1。

表 10-1 三 极 管 检 测 评 分

序号	主要内容	考 核 要 求	评分标准	配分	扣分	得分
1	测量准备	接线正确	测量挡位错误扣 3 分	3		
2	极性判断	三极管极性判断正确	测量极性判断错误	3		
3	类型判断	三极管类型判断正确	三极管类型判断错误	3		
4	维护保养	对使用的仪器、仪表进行简单的维护保养	维护保养有误，扣 1 分	1		
备注			合 计			
			教师 签字			
				年 月 日		

实训项目二 日光灯安装与调试

日光灯又叫荧光灯，是普遍应用的一种室内照明光源，多用于教室、图书馆、商场等对显色性要求较高的场合。本节我们将学习日光灯的安装接线和通电调试。

一、日光灯具结构组成。

1. 灯管

灯管由一根直径为 15～40.5mm 的玻璃管、灯丝和灯丝引出脚组成。玻璃管内抽成真空后充入少量汞（水银）和氩等惰性气体，管内壁涂有荧光粉，灯丝由钨丝制成，用以发射电子。其结构如图 10-5 所示。常用灯管的功率有 6W、8W、12W、15W、20W、30W、40W 等。目前，国内厂家生产的彩色荧光灯有蓝色、绿色、粉红色等，这些彩色荧光灯主要用于娱乐场所、商场做装饰灯。

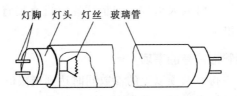

灯脚　灯头　灯丝　玻璃管

图 10-5　日光灯管的构造

2. 镇流器

镇流器是具有铁芯的电感线圈，它有两个作用：在启动时与启辉器配合，产生瞬时高压点燃日光灯管；在工作时利用串联在电路中的电感来限制灯管电流，以延长灯管使用寿命。镇流器有单线圈式和双线圈式两种，如图 10-6 所示。从外形上看，可又分为封闭式、开启式和半开启式三种，图 10-6（a）为封闭式，图 10-6（b）为开启式。

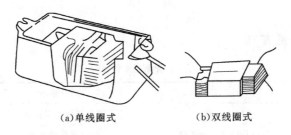

(a)单线圈式　　　　　　(b)双线圈式

图 10-6　日光灯镇流器

镇流器的选用必须与灯管配套（否则会影响日光灯的使用寿命），即镇流器的功率必须与灯管的功率相同，常用的有 6W、8W、15W、30W、40W 等规格（电压均为 220V）

3. 启辉器

启辉器又叫启动器、跳泡。它由氖泡、纸介电容和铝外壳组成。氖泡内有一个固定的静止触片和一个双金属片制成的倒 U 形触片。双金属片由两种膨胀系数差别很大的金属薄片焊制而成。动触片与静触片平时分开，两者相距 1/2mm 左右。启辉器的构造如图

10-7所示。与氖泡并联的纸介电容容量在5000pF左右,它的作用有两个:一是与镇流器线圈组成LC振荡回路,能延长灯丝预热时间和维持脉冲放电;二是能吸收电磁波,减轻对收音机、录音机、电视机等电子设备的电磁干扰。如果电容被击穿,去掉后氖泡仍可使灯管正常发光,但失去吸收干扰杂波的作用。

启辉器的规格有4~8W、15~20W、30~40W,以及通用型4~40W等。

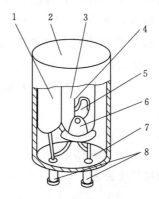

图 10-7　启辉器
1—电容器;2—铝壳;3—玻璃泡;4—静触片;5—动触片;
6—涂铀化物;7—绝缘底座;8—插头

4. 灯座

一对绝缘灯座将日光灯管支撑在灯架上,再用导线连接成日光灯的完整电路。灯座有开启式和插入弹簧式两种,如图10-8所示。开启式灯座还有大型和小型两种,6W、8W、12W等细灯管用小型灯座,15W以上的灯管用大型灯座。

(a)开启式　　　　　　　　(b)插入弹簧式

图 10-8　日光灯灯座

5. 灯架

灯架用来固定灯座、灯管、启辉器等日光灯零部件,有木制、铁皮制、铝制等几种。其规格与灯管尺寸相配合,根据灯管数量和光照方向而选用。木制灯架一般用作散件自制组装的日光灯具,而铁皮制灯架一般是厂家装好的套件日光灯具,如图10-9所示。

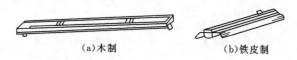

(a)木制　　　　　　　　(b)铁皮制

图 10-9　日光灯架

二、日光灯的工作原理

参看图 10-12，日光灯接通电源后，电源电压经过镇流器、灯丝，加在启辉器的 U 形动触片与静触片之间，引起辉光放电。放电时产生的热量使双金属 U 形动触片膨胀并向外伸张与静触片接触，接通电路，使灯丝预热并发射电子。与此同时，由于 U 形动触片与静触片相接触，两片间电压为零而停止辉光放电，使 U 形动触片冷却，并复原而脱离静触片。在动触片断开瞬间，镇流器两端会产生一个比电源电压高很多的感应电动势，这个感应电动势加在灯管两端，使灯管内惰性气体被电离而引起弧光放电。随着弧光放电，灯管内温度升高，液态汞就汽化游离，引起汞蒸气弧光放电，产生不可见的紫外线。紫外线激发灯管内壁的荧光粉后，发出近似日光色的灯光。

三、日光灯照明线路连接方式

日光灯常用照明线路有单联开关控制线路和双联开关控制线路两种。单联开关控制线路用一只单联开关控制一盏白炽灯的接线电路，如图 10-10 所示；双联开关控制线路用两只双联开关控制一盏日光灯的接线电路图，如图 10-11 所示。

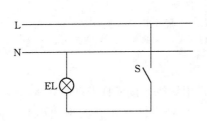

图 10-10　单联开关控制一盏日光灯
接线电路图

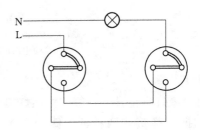

图 10-11　双联开关控制一盏日光灯
接线电路图

四、日光灯的安装

安装日光灯，先是对照电路图连接电路，组装灯具的配件，通电试亮，然后在网孔板上安装固定。组装灯具应检查灯管、镇流器、启辉器、灯座等有无损坏，是否相互配套，然后按下列步骤安装日光灯。日光灯的电路图如图 10-12 所示。

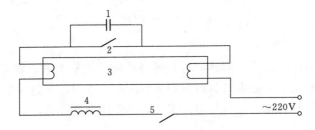

图 10-12　日光灯的电路图
1—启辉器电容；2、5—开关；3—灯管；4—镇流器

1. 准备灯架

根据日光灯管的长度要求，确定配套的灯架。分散控制的日光灯，将镇流器安装在灯

架的中间位置；集中控制的几盏日光灯，几只镇流器应集中安装在控制点的一块配电板上。然后将两个灯座分别固定在灯架两端（启辉器座与灯座连为一体）。启辉器座是独立的，应装在灯架的另一端。两个灯座中间距离要按日光灯长度把握好，使灯管两端灯脚既能插进灯座插孔，又能有较紧的配合。各配件的位置固定后，按照电路图接线只有灯座才是边接线边固定在灯架上。接完线后，应检查灯具接线是否正确，有无漏接或错接。最后在地面上通电试灯，无误后再进行灯具的安装。

2. 灯具的安装

日光灯具的安装可分为悬吊式和吸顶式两种。本项目仅安装在电工专用的网孔板上，安装前先在网孔板上固定灯具固定在紧固件。然后依次灯座、启辉器底座、开关、熔断器，并按照原理图进行接线，接线完成后将启辉器旋入底座，装上日光灯管、安装熔断器后，先进行通电前检查，确认无误后即可通电使用，日光灯线路的安装如图 10-13 所示。

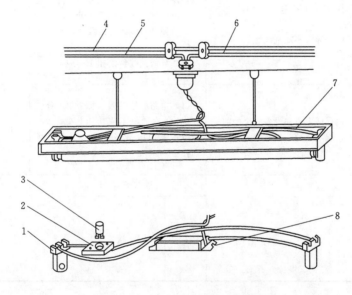

图 10-13 日光灯线路的安装

1—灯座；2—启辉器座；3—启辉器；4—相线；5—中性线；
6—与开关连接线；7—灯架；8—镇流器

五、练习题

按图 10-11 安装、接线双控开关照明电路。

考核要求：

（1）按图纸的要求进行正确熟练地安装；组件在配线板上布置要合理，安装要正确紧固，布线要求横平竖直，应尽量避免交叉跨越，接线紧固美观。正确使用工具和仪表。

（2）安全文明操作。

评分标准见表 10-2。

表 10 - 2 评 分 标 准

序号	主要内容	考核要求	评 分 标 准	配分	扣分	得分
1	组件安装	（1）按图纸的要求，正确利用工具和仪表，熟练地安装电气元器件。 （2）组件在配电板上布置要合理，安装要准确紧固。 （3）开关固定在板上	（1）组件布置不整齐、不匀称、不合理，每只扣1分。 （2）组件安装不牢固、安装组件时漏装螺钉，每只扣1分。 （3）损坏组件，每只扣2分	5		
2	布线	（1）布线要求横平竖直，接线紧固美观。 （2）灯具配线、开关接线要接到端子排上，要注明引出端子标号。 （3）导线不能乱线敷设	（1）未按电路图接线，扣1分。 （2）布线不横平竖直，主、控制电路每根扣0.5分。 （3）接点松动，接头露铜过长，反圈，压绝缘层，标记线号不清楚，有遗漏或误标，每处扣0.5分。 （4）损伤导线绝缘或线芯，每根扣0.5分。 （5）导线乱线敷设扣10分	10		
3	通电试验	在保证人身和设备安全的前提下，通电试验一次成功	（1）电路配错熔体，每个扣1分。 （2）1次通电不成功扣5分。2次通电不成功扣10分。3次通电不成功扣15分	15		
			合　　计			
备注			教师签字 年　　月　　日			

实训项目三　按钮、接触器双重连锁正反转控制线路的安装

正转控制电路只能使电动机朝一个方向旋转，带动生产机械的运动部件朝一个方向运动，但许多生产机械往往要求运动部件能向正反两个方向运动，如机床工作台的前进与后退，起重机的上升与下降等，都要求电动机能实现正反转控制，本节我们将学习按钮、接触器双重连锁正反转控制线路的安装。

一、准备工作

按照按钮、接触器双重连锁正反转控制线路的安装要求（图 10 - 14），进行硬线线路的安装。

准备工具、仪表及器材如下：

（1）工具。低压验电器、螺钉旋具、尖嘴钳、斜口钳、剥线钳、电工刀、校验灯等。

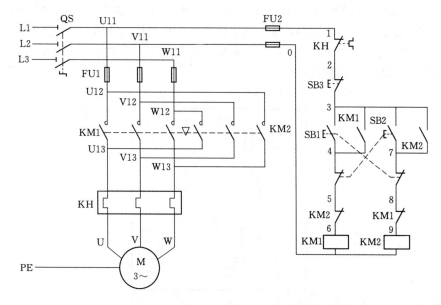

图 10 - 14 按钮、接触器双重连锁正反转控制线路原理图

（2）仪表。5050 型兆欧表、T301 - A 型钳形电流表、MF30 型万用表。

（3）器材。接触器连锁正反转控制线路板一块；导线规格：电动电路采用 BV1.5mm^2 和 BVR1.5mm^2 （黑色）塑铜线，控制电路采用 BV1mm^2 塑铜线 （红色），接地线采用 BVR （黄绿双色）塑铜线 （截面至少 1.5mm^2）；紧固螺钉及编码套管，其数量按需而定。电器组件明细见表 10 - 3。

表 10 - 3 组 件 明 细 表

序号	代号	名 称	型 号 与 规 格	单位	数量
1	M	三相异步电动机	JW6314、0.18kW、380V、△ - Y 形连接、0.4A、1400r/min	台	1
2	QS	组合开关	HZ10 - 25/3、三极、10A	个	1
3	FU1	熔断器	RL1 - 15/5、500V、15A、配熔体 5A	套	3
4	FU2	熔断器	RL1 - 15/5、500V、15A、配熔体 2A	套	2
5	KM1、KM2	交流接触器	CJ10 - 10、10A、绕组电压 380V	只	2
6	KH	热继电器	JR16 - 20/3、三极、10A、整流 2A	只	1
7	SB1～SB3	按钮	LA10 - 3H、保护式、380V、5A 的按钮数 3	个	1
8	XT	端子板	JX2 - 1015、380V、10A、15 节	条	1

二、安装步骤

（1）按表 10 - 1 配齐所用电器组件，并进行质量检验。电器组件应完好无损，各项技术指标符合规定要求，否则应予以更换。

（2）在控制板上按如图 10-15（a）所示安装所有的电器组件，并贴上醒目的文字符号。安装时，组合开关、熔断器的受电端子应安装在控制板的外侧；组件排列要整齐、匀称、间距合理，且应便于组件的更换；紧固电器组件时用力要均匀，紧固程度适当，做到即使组件安装牢固，又不使其损坏。

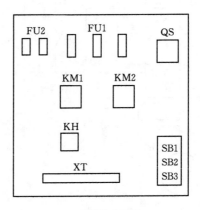

（a）元器件布置图

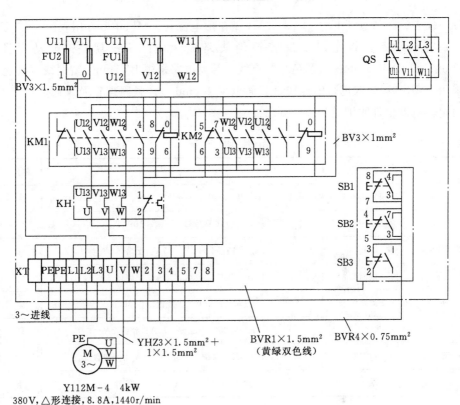

（b）接线图

图 10-15　按钮、接触器双重联锁的正反转控制线路接线图

（3）配线。按如图 10 - 15（b）所示的接线图进行板前明配线，并且将导线套编码套管。配前先将导线抻直，配线时，先进行控制回路的导线连接，然后再接主电路的导线。主电路的配线要注意改变 KM1 和 KM2 相序的连接，要根据电器组件的实际位置进行导线的弯折连接，做到配线横平竖直、整齐、分布均匀、紧贴安装面、走线合理；套编码套管要正确；严禁损伤线芯和导线绝缘；接点牢固可靠，不松动，不压绝缘层，不反圈及不露铜过长等。

（4）配线完毕，根据如图 10 - 14 所示电路图检查控制板配线的正确性。

（5）安装电动机。做到安装牢固平稳，以防止在换向时产生滚动而引起事故。

（6）可靠连接电动机和按钮金属外壳的保护接地线。

（7）连接电源、电动机等控制板外部的导线。导线要敷设在导线通道内，或采用绝缘良好导线。

（8）自检。安装完毕的控制线路板，必须按要求进行认真检查，确保无误后才允许通电试运行。

（9）交验合格后，通电试运行。通电时，必须经监护人同意，由监护人接通电源，且应在现场监护。若出现故障后，操作者应独立进行检修。

（10）通电试运行完毕，停转、切断电源。先拆除三相电源线，再拆除电动机负载线。

三、注意事项

（1）螺旋式熔断器的接线要正确，电源线应接在瓷底座的下接线柱，负载线应接在螺纹壳的上接线柱，以确保安全。

（2）接触器联锁触头接线必须正确，否则将会造成主电路中两相电源短路事故。

（3）通电试运行时，应先合上 QS，然后按下 SB1 或 SB2，再按下 SB3，看控制是否正常，若正常先按下 SB1 后再按下 SB2，观察有无连锁作用。

（4）通电试运行时，不要频繁地正反转启动，因为正反转的启动是靠改变电源相序实现的，电动机启动电流是额定电流的 4～7 倍。正反转启动时要做到安全操作。

四、练习题

安装和调试三相异步电动机双重连锁正反转启动控制电路。

1. 要求

（1）按图纸的要求进行正确熟练地安装；元件在配线板上布置要合理，安装要正确、紧固，布线要求横平竖直，应尽量避免交叉跨越，接线紧固、美观。正确使用工具和仪表。

（2）按钮盒不固定在板上，电源和电动机配线、按钮接线要接到端子排上，要注明引出端子标号。

（3）安全文明操作。

2. 评分标准

评分标准见表 10 - 4。

表 10 - 4　　　　　　　　　　评 分 标 准

序号	主要内容	考核要求	评 分 标 准	配分	扣分	得分
1	元件安装	(1) 按图纸的要求，正确使用工具和仪表，熟练安装电气元器件。 (2) 元件在配电板上布置要合理，安装要准确、紧固。 (3) 按钮盒不固定在板上	(1) 元件布置不整齐、不匀称、不合理，每个扣1分。 (2) 元件安装不牢固、安装元件时漏装螺钉，每个扣1分。 (3) 损坏元件，每个扣2分。	5		
2	布线	(1) 布线要求横平竖直，接线紧固美观。 (2) 电源和电动机配线、按钮接线要接到端子排上，要注明引出端子标号。 (3) 导线不能乱线敷设	(1) 电动机运行正常，但未按电路图接线，扣1分。 (2) 布线不横平竖直，主、控制电路，每根扣0.5分。 (3) 接点松动、接头露铜过长、反圈、压绝缘层，标记线号不清楚、遗漏或误标，每处扣0.5分。 (4) 损伤导线绝缘或线芯，每根扣0.5分。 (5) 导线乱线敷设扣10分	15		
3	通电试验	在保证人身和设备安全的前提下，通电试验一次成功	(1) 时间继电器及热继电器整定值错误各扣2分。 (2) 主、控电路配错熔体，每个扣1分。 (3) 一次试车不成功扣5分；二次试车不成功扣10分；三次试车不成功扣15分	20		
			合　　计			
备注			教师 签字 年　月　日			

实训项目四　时间继电器自动控制 Y-△降压启动安装与检修

异步电动机因其结构简单、价格便宜、可靠性高等优点被广泛应用。但在启动过程中启动电流较大，所以容量大的电动机必须采取一定的方式启动，Y-△降压启动就是一种简单方便的电机启动方式，本节我们将学习 Y-△降压启动控制线路的安装与检修。

一、准备工作

按照时间继电器自动控制 Y-△降压启动控制线路的安装要求（图 10-16），进行软线线路的安装。

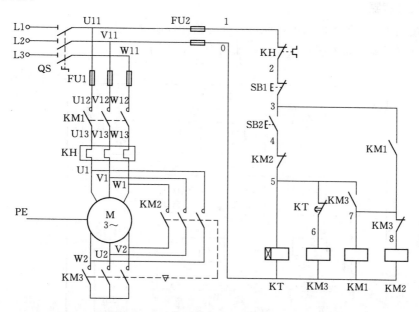

图 10-16　时间继电器自动控制 Y-△降压启动控制线路图

准备工具、仪表及器材如下：

（1）工具。测电笔、螺钉旋具、尖嘴钳、斜口钳、剥线钳、电工刀等。

（2）仪表。5050 型兆欧表、T301-A 型钳形电流表、MF30 型万用表。

（3）器材。各种规格的导线、紧固螺钉、安装冷压线头（针形、叉形、圆形轧头）、金属软管、编码套管等。电器元件见表 10-5。

表 10-5　元 件 明 细 表

序号	代号	名　称	型 号 与 规 格	单位	数量
1	M	三相异步电动机	JW6314、0.18kW、380V、Y-△形连接、0.4A、1400r/min	台	1
2	QS	组合开关	HZ10-25/3、三极、10A	个	1
3	FU1	熔断器	RL1-15/5、500V、15A、配熔体 5A	套	3
4	FU2	熔断器	RL1-15/5、500V、15A、配熔体 2A	套	2
5	KM1～KM3	交流接触器	CJ10-10、10A、绕组电压 380V	只	3
6	KH	热继电器	JR16-20/3、三极、10A、整流 2A	只	1
7	KT	时间继电器	JS7-2A、绕组电压 380V	只	1
8	SB1/SB2	按钮	LA10-3H，保护式、380V、5A	个	1
9	XT	端子板	JD0-1C20、380V、10A、20 节	条	1
10		行线槽	30mm×25mm	m	若干
11		控制板	500mm×400mm×20mm	块	1

二、安装步骤

（1）按表 10 - 2 配齐所用电器元件，并检验元件质量。

（2）画出元器件布置图及接线图，如图 10 - 17 所示。

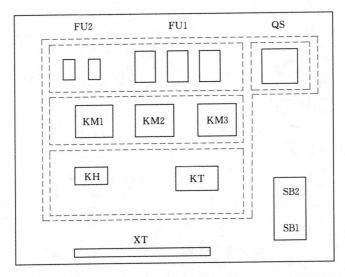

（a）元器件布置图

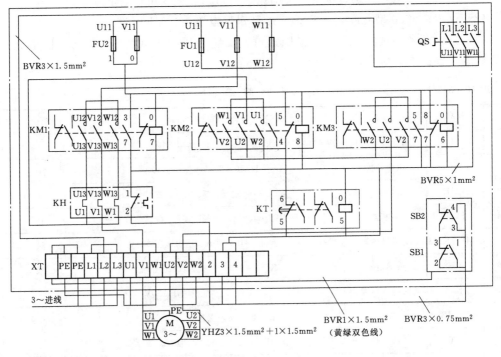

（b）接线图

图 10 - 17 时间继电器自动控制 Y - △降压启动控制线路接线图

（3）在控制板上按图 10 - 17（a）所示进行布置，并安装电器元件和走线槽，贴上醒目的文字符号。安装走线槽时，应做到横平竖直、排列整齐均匀、安装牢固和便于走线等。

（4）在控制板上按图 10 - 17（b）所示进行板前线槽配线，配线时，要根据接线图和线号的顺序进行导线连接，连接前在线头上套编码套管和安装冷压端子。然后，根据电路图检验控制板内部配线的正确性。板前线槽配线的具体工艺要求是：

1）所有导线的截面积要等于或大于 0.5mm² 时，还必须采用软线。但是在考虑机械强度的原因时，在控制箱外为 1mm²，在控制箱内为 0.75mm²，对控制箱内很小电流的电路连线，如电子逻辑电路可用 0.2mm²，并且可以采用硬线，但只能用于不移动而又无振动的场合。

2）配线时，严禁损伤线芯和导线绝缘。

3）各电器元件接线端子引出导线的走向，以元件的水平中心线为界限，在水平线以上接线端子引出的导线，必须进入元件上面的走线槽；在水平中心线以下接线端子引出的导线，必须进入元件下面的走线槽。任何导线都不允许从水平方向进入走线槽内。

4）各电器元件接线端子上引出或引入的导线，除间距很小和元件机械强度很差允许直接架空敷设外，其他导线必须经过走线槽进行连接。

5）进入走线槽内的导线要完全置于线槽内，并应尽可能避免交叉，装线不要超过其容量的 70%，以便于能盖上线槽盖和以后的线路装配、维修。

6）各电器元件与线槽之间的外露导线，应走线合理，并尽可能做到横平竖直，变换走向要垂直。同一个元件上位置一致的端子和同型号电器元件中位置一致的端子上引出或引入的导线，要敷设在同一平面上，并应做到高低一致或前后一致，不得交叉。

7）所有接线端子的导线线头上都应套有与电路图上相应接点线号一致的编号套管，并按线号进行连接，连接点必须牢靠，不得松动。

8）在任何情况下，接线端子必须与导线截面积和材料性质相适应。当接线端子不适合连接软线或较小截面积的软线时，可以在导线端头穿上针形或叉形轧头并压紧。

9）一般一个接线端子只能连接一根导线，如果采用专门设计的端子，可以连接两根或多根导线，但导线的连接方式，必须是公认的、工艺成熟的方式，如夹紧、压接、焊接、绕接等，并应严格按照连接工艺的工序要求进行。

（5）安装电动机。

（6）可靠连接电动机和电器元件金属外壳的保护接地线。

（7）连接控制板外部的导线。

（8）自检。

（9）检查无误后通电试运行。

（10）通电试运行完毕，停转、切断电源。

三、安装注意事项

（1）用 Y -△降压启动控制的电动机，必须有 6 个出线端子且定子绕组在△形连接时的额定电压等于三相电源线电压。电动机启动时接成 Y 形，加在每相定子绕组的启动电压只有△形连接的 $1/\sqrt{3}$，启动电流为△形连接的 $1/3$，启动转矩也只有△形连接的 $1/3$，这种降压启动方法，只适用轻载或空载下启动。

（2）接线时要保证电动机△形连接的正确性，即接触器 KM2 主触头闭合时，应保证定子绕组的 U1 与 W2、V1 与 U2、W1 与 V2 相连接。

（3）接触器 KM3 的进线必须从三相定子绕组的末端引入，若误从其首端引入，则在 KM3 吸合时，会产生三相电源短路事故。

（4）控制板外部配线，必须按要求一律装在导线通道内，使导线有适当的机械保护，以防止液体、铁屑和灰尘的侵入。在训练时可适当降低要求，但必须要以能确保安全为条件，如采用多芯橡皮线或塑料护套软线。

（5）通电校验前要再检查一下熔体规格及时间继电器、热继电器的各整定值是否符合要求。

（6）通电校验时监护人必须在现场，操作者根据电路图的控制要求独立进行检验，若出现故障也应自行排除。

四、线路检修

1. 故障现象

电动机 M 不能 Y-△变换，只能有 Y 形启动，没有 A 形运行。可能原因：

（1）时间继电器 KT 线圈回路不通或时间继电器 KT 损坏。

（2）接触器 KM1 常开辅助触头不能通路。

（3）接触器 KM3 衔铁卡住或主触头熔焊在一起。

2. 检修步骤及要求

故障分析。根据故障现象用逻辑分析法缩小故障范围，同时在电路图（图 10-16）上用虚线标出故障部位的最小范围。

（1）断开 QS 电源开关，用直观法查看时间继电器线圈及接触器 KM1 常开辅助触头的连线是否可靠；查看时间继电器线圈 KT、接触器 KM3 动作及接触器 KM1 常开辅助触头的闭合情况。

（2）用通电试验法观察故障现象。观察电动机、各电器元件及线路的工作是否正常，特别是观察时间继电器 KT 和接触器 KM3 的动作情况，若发现异常，应立即断电检查。

（3）用电阻分阶测量法正确、迅速地找出故障点。把万用表转换开关旋至电阻挡，分别判断控制线路 5-0、3-8、8-0 的导线通路情况。

（4）根据故障点的具体情况，采取正确的方法迅速排除故障。

（5）排除故障后通电试运行。

3. 检修注意事项

（1）检修前要先掌握电路图中各个控制环节的作用和工作原理，并熟悉 Y-△电动机的连接方法。

（2）在检修过程中严禁扩大和产生新的故障，否则，要立即停止检修。

（3）检修思路和方法要正确。

（4）带电检修故障时，监护人必须在现场，并要确保用电安全。

五、练习题

安装和调试 Y-△降压启动控制电路。

实验要求：

（1）按图纸（图 10-16）的要求进行正确熟练地安装；元件在配线板上布置要合理，安装要正确、紧固，布线要求横平竖直，应尽量避免交叉跨越，接线紧固、美观。正确使用工具和仪表。

（2）按钮盒不固定在板上，电源和电动机配线、按钮接线要接到端子排上，要注明引出端子标号。

（3）需安全文明操作。

（4）评分要求见表 10-6。

表 10-6 评 分 标 准

序号	主要内容	考核要求	评 分 标 准	配分	扣分	得分
1	元件安装	（1）按图纸的要求，正确使用工具和仪表，熟练安装电气元器件。 （2）元件在配电板上布置要合理，安装要准确、紧固。 （3）按钮盒不固定在板上	（1）元件布置不整齐、不匀称、不合理，每个扣1分。 （2）元件安装不牢固、安装元件时漏装螺钉，每个扣1分。 （3）损坏元件，每个扣2分	5		
2	布线	（1）布线要求横平竖直，接线紧固美观。 （2）电源和电动机配线、按钮接线要接到端子排上，要注明引出端子标号。 （3）导线不能乱线敷设	（1）电动机运行正常，但未按电路图接线，扣1分。 （2）布线不横平竖直，主、控制电路，每根扣0.5分。 （3）接点松动、接头露铜过长、反圈、压绝缘层，标记线号不清楚、遗漏或误标，每处扣0.5分。 （4）损伤导线绝缘或线芯，每根扣0.5分。 （5）导线乱线敷设扣10分	15		
3	通电试验	在保证人身和设备安全的前提下，通电试验一次成功	（1）时间继电器及热继电器整定值错误各扣2分。 （2）主、控电路配错熔体，每个扣1分。 （3）一次试车不成功扣5分；二次试车不成功扣10分；三次试车不成功扣15分	20		
备注			合 计			
			教师 签字			
				年 月 日		

实训项目五 检修 Z35 摇臂钻床电气控制电路

钻床是一种用途广泛的孔加工机床。它主要用钻头钻削精度要求不太高的孔，另外还可以用来扩孔、铰孔以及攻螺纹等。

钻床型号意义：

$$\underline{Z} \qquad \underline{3} \qquad \underline{7}$$
钻床　摇臂　最大钻孔直径 70mm

钻床的结构形式很多，有立式钻床、卧式钻床、台式钻深孔钻床及多轴钻床。摇臂钻床是一种立式钻床，它适用于单件或批量生产中带有多孔的大型零件的孔加工。

一、机床主要结构

Z37 摇臂钻床主要由底座、内立柱、外立柱、摇臂、主轴箱、工作台等组成，Z35 摇臂钻床的主要结构及外形如图 10-18 所示。摇臂回转移动。内立柱固定在底座上，在它外面套着空心的外立柱，外立柱可绕着不动的内立柱回转 360°。

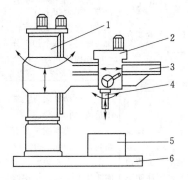

图 10-18　Z35 摇臂钻床外形图
1—内、外立柱；2—主轴箱；3—摇臂；
4—主轴；5—工作台；6—底座

1. 摇臂上下移动

摇臂一端的套筒部分与外立柱滑动配合，借助于丝杠，摇臂可沿外立柱上下移动，但两者不能做相对运动，因此，摇臂与外立柱一起相对内立柱回转。

2. 主轴箱移动

主轴箱是一个复合的部件，它包括主轴及主轴旋转和进给运动（轴向前进移动）的全部传动变速和操作机构。主轴箱安装于摇臂的水平导轨上，可通过手轮操作使它沿着摇臂上的水平导轨做径向移动。

3. 注意事项

（1）当需要钻削加工时，可利用夹紧机构将主轴箱紧固在摇臂导轨上，摇臂紧固在外立柱上，外立柱固定在内立柱上，以保证加工时主轴不会移动，刀具也不会振动。

（2）工件不很大时，可压紧在工作台上加工。若工件较大，则可直接装在底座上加工。根据工件高度的不同，摇臂借助于丝杠可带动主轴箱沿外立柱升降。但在升降之前，摇臂应自动松开；当达到升降所需位置时，摇臂应自动夹紧在立柱上。

（3）摇臂连同外立柱绕内立柱的回转运动依靠人力推动来进行，但回转前必须先将外立柱松开。

（4）主轴箱沿摇臂上导轨的水平移动也是手动的，移动前也必须先将主轴箱松开。

4．运动形式

（1）摇臂钻床的主运动是主轴带动钻头的旋转运动。

（2）进给运动是钻头的上下运动。

（3）辅助运动是指主轴箱沿摇臂水平运动、摇臂沿外立柱上下移动以及摇臂连同外立柱一起相对于内立柱的回转运动。

5．电气传动特点及控制要求

（1）由于摇臂钻床的相对运动部件较多，故采用多台电动机驱动，以简化传动装置。主轴电动机 M2 承担钻削及进给任务，只要求单向旋转。主轴的正反转是通过正反转摩擦离合器来实现，主轴转速和进刀量用变速机构调节。摇臂的升降和立柱的夹紧、放松由电动机 M3 和 M4 来驱动，要求双向旋转。冷却泵用电动机 M1 驱动。

（2）钻床的各种工作状态都是通过十字开关 SA 操作的，为防止十字开关手柄停在任何工作位置时因接通电源而产生误操作，控制电路设有零压保护环节。

（3）摇臂的升降要求有限位保护。

（4）摇臂的夹紧与放松由机械和电气联合控制。外立柱和主轴箱的夹紧与放松是由电动机配合液压装置来完成的。

（5）钻削加工时，需要对刀具及工件进行冷却。由电动机 M1 驱动冷却泵输送冷却液。

二、机床电气控制线路分析

1．采用摇臂钻床机床电气控制故障板

摇臂钻床机床电气控制故障板如图 10 - 19 所示。

图 10 - 19　摇臂钻床机床电气控制故障板

2. 原理图

Z35 摇臂钻床电路原理图如图 10-20 所示。

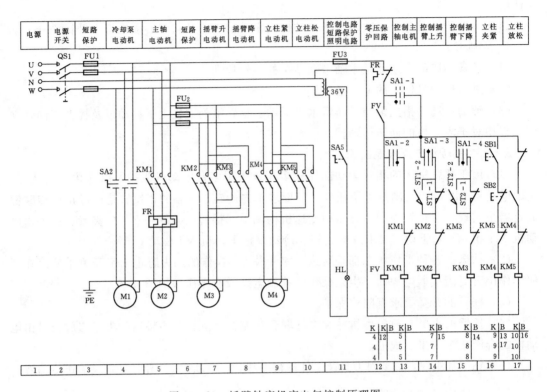

图 10-20　摇臂钻床机床电气控制原理图

（1）主电路分析。Z35 摇臂钻床共有 4 台三相异步电动机，其中主轴电动机 M2 由接触器 KM1 控制，热继电器 FR 做过载保护，主轴正、反方向的控制是由双向片式摩擦离合器来实现的。摇臂升降电动机 M3 由接触器 KM2、KM3 控制，FU2 做短路保护。立柱松紧电动机 M4 由接触器 KM4 和 KM5 控制。冷却泵电动机 M1 是由组合开关 SA2 控制的，FU1 做短路保护。摇臂上电气设备的电源，是通过转换开关 QS1 引入。

（2）控制电路分析。合上电源开关 QS1，控制电路的电源采用 220V 电压提供。Z35 摇臂钻床控制电路采用十字开关 SA1 操作，它有集中控制和操作方便等优点。十字开关由十字手柄和四个微动开关组成。根据工作需要，可将控制手柄分别扳在孔槽内五个不同位置，即左、右、上、下和中间的位置。手柄处在各个工作位置时的工作情况见表 10-7。为防止突然停电又恢复供电而造成的危险，电路设有零压保护环节。零压保护是由中间继电器 KA 和十字开关 SA 来实现的。

（3）主轴电动机 M2 的控制。主轴电动机 M2 的旋转是通过接触器 KM1 和十字开关 SA 控制的。首先将十字开关 SA 扳在左边位置，SA 的触头（SA1-1）闭合，中间继电器 FV 得电吸合并自锁，为其他控制电路接通做好准备。再将十字开关 SA 扳在右边位置，这时 SA 的触头（SA1-1）分断后，SA 的触头（SA1-2）闭合，接触器 KM1 绕组得电吸合，主轴电动机 M2 通电旋转。主轴的正反转则由摩擦离合器手柄控制。将十字开关扳回到中间位置，接触器 KM1 绕组断电释放，主轴电动机 M2 停转。

表 10-7 十字开关操作说明

手柄位置	接通微动开关的触头	工作情况
中	均不通	控制电路断电
左	SA1-1	FV 获电并自锁
右	SA1-2	KM1 获电，主轴旋转
上	SA1-3	KM2 吸合，摇臂上升
下	SA1-4	KM3 吸合，摇臂下降

（4）摇臂升降的控制。摇臂的放松、升降及夹紧的半自动工作顺序是通过十字开关 SA、接触器 KM2 和 KM3、位置开关 ST1 和 ST2，控制电动机来实现的。

1）摇臂上升控制。当工件与钻头的相对高度不合适时，可将摇臂升高或降低来调整。要使摇臂上升，将十字开关 SA 的手柄从中间位置扳到向上的位置，SA 的触头（SA1-3）接通，接触器 KM2 得电吸合，电动机 M3 启动正转。摇臂开始上升。当上升到所需位置时，将十字开关 SA 扳到中间位置，接触器 KM2 绕组断电释放，电动机 M3 停转。

2）摇臂下降控制。要使摇臂下降，可将十字开关 SA 扳到向下位置，于是十字开关 SA 的触头（SA1-4）闭合，接触器 KM3 绕组得电吸合，其余动作情况与上升相似，不再细述。由以上分析可知，摇臂的升降是由机械、电气联合控制实现的，能够自动完成摇臂松开到摇臂上升（或摇臂下降夹紧）的过程。

为使摇臂上升或下降不致超出允许的极限位置，在摇臂上升和下降的控制电路中分别串入位置开关 ST1 和 ST2 做限位保护。

（5）立柱的夹紧与松开的控制。钻床正常工作时，外立柱夹紧在内立柱上。要使摇臂和外立柱绕内立柱转动，应首先扳动手柄放松外立柱。立柱的松开与夹紧是靠电动机 M4 的正反转驱动液压装置完成的。电动机 M4 的正反转由按钮 SB1 和 SB2、接触器 KM4 和 KM5 来实现。

1）立柱的放松控制。按下按钮 SB2，接触器 KM5 线圈得电吸合，电动机 M4 驱动液压泵工作，使立柱夹紧装置放松。

2）立柱的夹紧控制。按下按钮 SB1，使接触器 KM4 绕圈得电吸合，电动机 M4 带动液压泵反向旋转，就可以完成立柱夹紧动作。

注意事项：Z35 摇臂钻床的主轴箱在摇臂上的松开与夹紧和立柱的松开与夹紧是由同一台电动机 M4 驱动液压机构完成的。

（6）照明电路分析。照明电路的电源是由变压器将 220V 的交流电压降为 36V 安全电压来提供。照明灯 HL 由开关 SA5 来控制。

Z35 摇臂钻床电器元件明细见表 10-8。

表 10 - 8　　　　　　　　　　　　**Z35 摇臂钻床电器元件明细表**

代号	名　称	型　号	规　格	数量
M1	冷却泵电动机	JCB - 22 - 2	0.125kW、2790r/min	1
M2	主轴电动机	Y132M - 4	7.5kW、1440r/min	1
M3	摇臂升降电动机	Y100L2 - 4	3kW、1440r/min	1
M4	立柱夹紧、松开电动机	Y802 - 4	0.75kW，1390r/min	1
KM1	交流接触器	CJ0 - 20	20A、线圈电压 220V	1
KM2~KM5	交流接触器	CJ0 - 10	10A、线圈电压 220V	4
QS1	组合开关	HZ2 - 25/3	25A	1
SA	十字开关	定制		1
FV	中间继电器	JZ7 - 44	线圈电压 220V	1
FR	热继电器	JR16 - 20/3D	额定电流 14.1A	1
ST1、ST2	位置开关	LX5 - 11		2
TC	变压器	BK - 150	150V、220V/36V、24V	1
EL	照明灯	KZ 型带开关、灯架、灯泡	36V、40W	1
FU3	熔断器	RL1 - 15/2	15A、熔体 2A	1
FU1	熔断器	RLM5/5	15A、熔体 15A	3
FU2	熔断器	RL1 - 15/15	15A、熔体 5A	3

三、常见电气故障分析与检修

1. 检修前工具与仪表的准备

（1）工具。低压验电器、电工刀、剥线钳、尖嘴钳、斜口钳、螺钉旋具等。

（2）仪表。MF30 型万用表、5050 型兆欧表、T301 - A 型钳形电流表。

2. 电气故障分析

本控制板在主电路和控制电路中共设置 18 个故障点，供检修操作，下面列举其中几项来进行说明：

（1）主轴电动机 M2 不能启动。首先检查电源开关 QS1、FU1 是否正常。其次，检查十字开关 SA 的触头、接触器 KM1 和中间继电器 FV 的触头接触是否良好。若中间继电器 FV 的自锁触头接触不良，则将十字开关 SA 扳到左面位置时，中间继电器 FV 吸合，然后再扳到右面位置时，中间继电器 FV 线圈将断电释放；若十字开关 SA 的触头（SA1 - 2）接触不良，当将十字开关 SA 手柄扳到左面时，中间继电器吸合，然后再扳到右边位置时，中间继电器 FV 仍吸合，但接触器 KM1 不动作；则说明十字开关 SA 触头接触不好，如接触器 KM1 的主触头接触不好时，当扳动十字开关手柄后，接触器 KM1 线圈得电吸合，但主轴电动机 M2 仍然不能启动。此外，连接各电器元件的导线开路或脱落，也会使主轴电动机 M2 不能启动。

（2）主轴电动机 M2 不能停止。当把十字开关 SA 的手柄扳到中间位置时，主轴电动机 M2 仍不能停止运动，故障原因是接触器 KM1 主触头熔焊或十字开关 SA 的右边位置开关失控。出现这种情况时，应立即切断电源开关 QS1，电动机才能停转。若触头熔焊需更换同规格的触头或接触器，更换前必须先查明触头熔焊的原因并排除故障后再进行；若十字开关 SA 的触头（SA1-2）失控，应重新调整或更换开关，同时查明失控原因。

（3）摇臂升降、松紧线路的故障。Z35 摇臂钻床的升降和松紧装置由电气和机械机构相互配合，实现放松→上升（下降）→夹紧的半自动工作顺序控制。维修时同时要检查电气部分、机械部分是否正常。常见电气方面的故障有下列几种：

1）摇臂不能上升或下降。故障原因是开关 SA 闭合后。KM2 或 KM3 未吸合，应检查上极限或者下极限开关 ST1 或 ST2。

2）摇臂上升或下降后不能按需要停止。故障原因是开关 SA 闭合后。回到中间位置时触点未断开，或者 ST1 或 ST2 限位开关损坏。

3）主轴箱和立柱的松紧故障。由于主轴箱和立柱的夹紧与放松是通过电动机 M4 配合液压装置来完成的，所以若电动机 M4 不能启动或停止时，应检查接触器 KM4 和 KM5、按钮 SB1、SB2 的接线是否可靠，有无接触不良或脱落现象，触头接触是否良好，有无移位或熔焊现象。同时还要配合机械液压协调处理。

3. 检修时注意事项

（1）检修前应首先对钻床进行操作了解，并熟悉钻床的各种工作状态。

（2）弄清钻床电器元件安装位置及走线情况；结合机械、电气、液压几方面相关的知识，搞清钻床电气控制的特殊环节。

（3）电气维修时首先向设备使用者了解故障发生的经过情况。

（4）根据故障现象，依据电路图用逻辑分析法确定故障范围。

（5）采用正确的检验方法，查找故障点并排除故障。

（6）检修中应注意三相电源相序与电动机转动方向的关系，否则会发生上升和下降方向的颠倒，电动机开停失控、位置开关不起作用等故障，造成机械设备事故。

（7）不能随意改变升降电动机原来的电源相序及上下限位开关的位置。

（8）检修完毕，进行通电试验，并做好维修记录。

（9）带电检修，必须有监护人在现场，以确保安全。

四、练习题

检修 Z35 摇臂钻床电气控制电路。

在其电路板上，设隐蔽故障 3 处。学生向教师询问故障现象时，教师可以将故障现象告诉学生，学生必须单独排除故障。图纸如图 10-19 所示。

评分标准见表 10-9。

表 10-9 评 分 标 准

序号	主要内容	考核要求	评 分 标 准	配分	扣分	得分
1	调查研究	对每个故障现象进行调查研究	排除故障前不进行调查研究，扣1分	1		
2	故障分析	在电气控制线路上分析故障可能的原因，思路正确	错标或标不出故障范围，每个故障点扣2分	6		
			不能标出最小的故障范围，每个故障点扣1分	3		
3	故障排除	正确使用工具和仪表，找出故障点并排除故障	实际排除故障中思路不清楚，每个故障点扣2分	6		
			每少查出一个故障点扣2分	6		
			每少排除一个故障点扣3分	9		
			排除故障方法不正确，每处扣3分	9		
4	其他	操作有误，要从此项总分中扣分	(1) 排除故障时产生新的故障后不能自行修复，每个扣10分；已经修复，每个扣5分。 (2) 损坏电动机扣10分			
			合 计			
备注			教师签字		年 月 日	

实训项目六　接地电阻测试方法

接地电阻是电流由接地装置流入大地再经大地流向另一接地体或向远处扩散所遇到的电阻，它包括接地线和接地体本身的电阻、接地体与大地的电阻之间的接触电阻以及两接地体之间大地的电阻或接地体到无限远处的大地电阻。接地电阻大小直接体现了电气装置与"地"接触的良好程度，也反映了接地网的规模。在单点接地系统、干扰性强等条件下，可以采用打辅助地极的测量方式进行测量。

一、接地电阻

接地电阻主要分以下三种。

(1) 保护接地。电气设备的金属外壳，混凝土、电杆等，由于绝缘损坏有可能带电，为了防止这种情况危及人身安全而设的接地。电阻值在 1Ω 以下。

（2）防静电接地。防止静电危险影响而将易燃油、天然气储藏罐和管道、电子设备等的接地。

（3）防雷接地。为了将雷电引入地下，将防雷设备（避雷针等）的接地端与大地相连，以消除雷电过电压对电气设备、人身财产的危害的接地，也称过电压保护接地。

二、接地电阻测量的主要功能

（1）精确测量大型接地网接地阻抗、接地电阻、接地电抗。

（2）精确测量大型接地网场区地表电位梯度。

（3）精确测量大型接地网接触电位差、接触电压、跨步电位差、跨步电压。

（4）精确测量大型接地网转移电位。

（5）测量接地引下线导通电阻。

（6）测量土壤电阻率。

三、接地电阻测试方法

1. 接地电阻测试要求

（1）交流工作接地，接地电阻不应大于 4Ω。

（2）安全工作接地，接地电阻不应大于 4Ω。

（3）直流工作接地，接地电阻应按计算机系统具体要求确定。

（4）防雷保护地的接地电阻不应大于 10Ω。

（5）对于屏蔽系统如果采用联合接地时，接地电阻不应大于 1Ω。

2. 接地电阻测试仪介绍

ZC-8 型接地电阻测试仪外形如图 10-21 所示，适用于测量各种电力系统，电气设备，避雷针等接地装置的电阻值。亦可测量低电阻导体的电阻值和土壤电阻率。

图 10-21　ZC-8 型接地电阻测试仪

本仪表工作由手摇发电机、电流互感器、滑线电阻及检流计等组成，全部机构装在塑料壳内，外有皮壳便于携带。附件有辅助探棒导线等，装于附件袋内。其工作原理采用基准电压比较式。

3. 检查测试仪

使用前检查测试仪是否完整，测试仪包括如下器件（图 10-22）：

（1）ZC-8 型接地电阻测试仪一台。

（2）辅助接地棒二根。

（3）导线 5m、20m、40m 各一根。

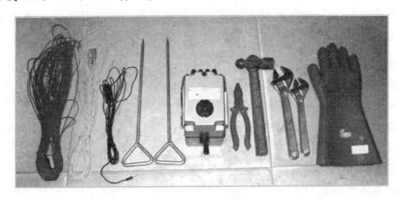

图 10-22 常用工器具

4.使用与操作

（1）测量接地电阻值时接线方式的规定。仪表上的 E 端钮接 5m 导线，P 端钮接 20m 线，C 端钮接 40m 线，导线的另一端分别接被测物接地极 E′，电位探棒 P′ 和电流探棒 C′，且 E′、P′、C′ 应保持直线，其间距为 20m。

1）测量大于等于 1Ω 接地电阻时接线图如图 10-23 所示。将仪表上 2 个 E 端钮连接在一起。

2）测量小于 1Ω 接地电阻时接线图如图 10-24 所示，将仪表上 2 个 E 端钮导线分别连接到被测接地体上，以消除测量时连接导线电阻对测量结果引入的附加误差。

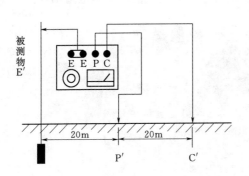

图 10-23 测量大于等于 1Ω 接地电阻时接线图

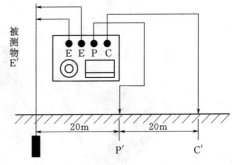

图 10-24 测量小于 1Ω 接地电阻时接线图

（2）操作步骤。

1）仪表端所有接线应正确无误。

2）仪表连线与接地极 E′、电位探棒 P′ 和电流探棒 C′ 应牢固接触。

3）仪表放置水平后，调整检流计的机械零位归零。

4）将"倍率开关"置于最大倍率，逐渐加快摇柄转速，使其达到 150r/min。当检流计指针向某一方向偏转时，旋动刻度盘，使检流计指针恢复到"0"点。此时刻度盘上读数乘上倍率挡即为被测电阻值。

5）如果刻度盘读数小于1时，检流计指针仍未取得平衡，可将倍率开关置于小一挡的倍率，直至调节到完全平衡为止。

6）如果发现仪表检流计指针有抖动现象，可变化摇柄转速，以消除抖动现象。

四、注意事项

（1）禁止在有雷电或被测物带电时进行测量。

（2）仪表携带、使用时须小心轻放，避免剧烈震动。

五、练习题

用三端钮接地电阻测量仪测量避雷装置的接地电阻。

（1）接地电阻测试电路原理图如图10-25所示。

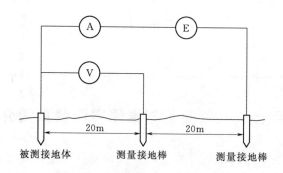

图10-25　接地电阻测试电路原理图

（2）考核要求：

1）用接地电阻测量仪测量避雷装置的接地电阻，测量结果准确无误，接地电阻检测记录见表10-10。

2）否定项：不能损坏仪器、仪表，损坏仪器、仪表扣10分。

（3）评分标准见表10-11。

表10-10　　　　　　　　　　接 地 电 阻 检 测 记 录

日　期		时　间		检测人	
序号	接 地 地 点	接地编号	电阻值/Ω	备　　注	
1					
2					
3					
4					
5					
6					

表 10 - 11　　　　　　　　　　　　　　　　评 分 标 准

序号	主要内容	考核要求	评 分 标 准	配分	扣分	得分
1	测量准备	接线正确	接线错误扣 3 分	3		
2	测量过程	测量过程准确无误	测量过程中，操作步骤每错一次扣 1 分	3		
3	测量结果	测量结果在允许误差范围之内	测量结果有较大误差或错误，扣 3 分	3		
4	维护保养	对使用的仪器、仪表进行简单的维护保养	维护保养有误，扣 1 分	1		
			合　　计			
备注			教师签字 　　　　　　年　月　日			

实训项目七　电气安装与维修实训装置简介及实训

亚龙 YL‑156A 型电气安装与维修实训装置由安装底架、配电箱、照明配电箱、电气控制箱、若干照明灯具与插座、照明与动力线路布线用器材、三相交流电动机与加热装置、步进电动机与伺服电动机装置、传感器装置和接地装置等部分组成（见装置图片）。装置各部分具体配备如下。

一、安装底架

（1）材质与特点：亚龙 YL‑156A 型电气安装与维修实训考核装置安装底架（图 10 - 26），

图 10 - 26　底架结构照片

采用钢制网孔板和钢制专用型材组接而成，安装有自锁式脚轮，方便移动和使用。装置表面喷塑，色彩稳重。装置配有专用电源台。装置设计高度以人站在三级人字梯即可方便操作的高度，既安全又能使使用者感受到施工现场环境。横向、纵向宽度合适，可以模拟现场线路的转向布置。网孔板可以方便拆下。为方便隐蔽工程施工，钢制框架仿建筑隔断用轻钢龙骨的加大宽度精心设计，带有穿管孔，使用扎带固定线管，在穿出网孔板时可以使用壁梳引出导线穿入明装底盒。配套的 PVC 管弯管器，可方便地对 PVC 管弯成 90°。

（2）外形尺寸：竞赛用 2 人组实训考核设备（单面）：长 2006mm、宽 1003mm、高 2410mm。

二、动力配电箱

动力配电箱（代号：AP）是作为某一单元的总进线的动力分配控制，包含计量、隔离、正常分断、短路、过载、漏电保护、电源指示等功能。外形如图 10-27 所示，内部元件如图 10-28 所示。内部接线及动力分配可以根据要求实现。

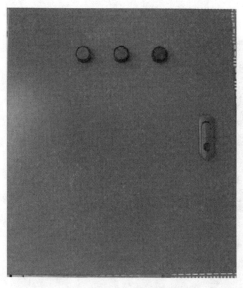
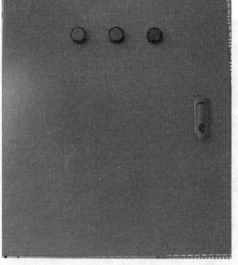

图 10-27 动力配电箱外形　　　　图 10-28 动力配电箱内部元件

外形尺寸：长 450mm、宽 220mm、高 520mm。

元件清单如下：

（1）DT862-4 三相四线有功电度表一只。

（2）HG1-32/30F 熔断器式隔离器一只。

（3）DZ47LE-32/C32（3P＋N）剩余电流型空气断路器（开关）一只。

（4）DZ47-63/C10（3P）空气断路器（开关）一只。

（5）DZ47LE-32/C16（1P＋N）剩余电流型空气断路器（开关）一只。

动力配电柜（AP）系统图如图 10-29 所示。

三、照明配电箱

照明配电箱（代号：AL）是作为某一单元的插座及照明分配控制，包含正常分断、短路、过载、漏电保护等功能。外形如图 10-30 所示。

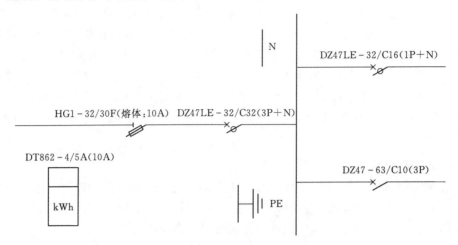

图 10-29 动力配电柜（AP）系统图

图 10-30 照明供电箱（AL）

外形尺寸：长 270mm、宽 100mm、高 240mm（标准 PZ30/10～12P 明装开关箱）。

元件清单如下：

(1) DZ47LE-32/C16（1P＋N）剩余电流型空气断路器（开关）一只。

(2) DZ47LE-32/C6（1P＋N）剩余电流型空气断路器（开关）一只。

(3) DZ47-63/C6（1P）空气断路器（开关）二只（1 用 1 备）。

内部接线及动力分配可以根据要求实现。

照明配电箱（AL）系统图如图 10-31 所示。

四、电气控制箱

电气配电箱（代号：AC）是作为某一设备的控制单元，除包含正常分断、短路、过载、隔离等功能外，还包含触摸屏、PLC、扩展模块、485 通信模块、模拟量模块、接触

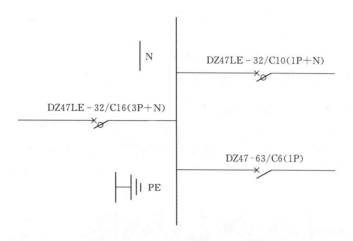

图 10-31 照明配电箱（AL）系统图

器、继电器、变频器、主令控制元件、温控器等。外形如图 10-32 所示，内部元件布置图如图 10-33 所示。

图 10-32 电气控制箱外形图

图 10-33 电气控制箱内部元件布置图

外形尺寸：长 500mm、宽 230mm、高 700mm。

元件清单如下：

（1）HZ10M-25N3 组合开关一只。

（2）NM1-63S/3300 20A 塑壳开关一只。

（3）CJX2-0910/220V 接触器五只。

（4）台达（DVP32ES200T）PLC 一只。

（5）台达（DVP06XA-E2）模拟量模块一只。

（6）台达（DVP16XN211R）扩展模块一只。

（7）台达（VFD007EL43A/0.75kW）变频器一只。

（8）欧姆龙（E5CZ-C2MT）温度控制器一只。

（9）TPC7062K 昆仑通泰 7 寸彩色触摸屏。

（10）时间继电器、热保护继电器、指示灯、主令元件若干。

五、三相交流电动机与温度实验模块

三相交流异步电动机机组（图 10-34）由单速电机（Y-△接法）、单速带速度继电器电机（Y-△接法）、双速电机、直流他励电机等。热电偶加热器为专用的温度实验模块（图 10-35），需配 18～24V/2A 直流电源（温度范围从室温到 100℃），有 2 个测温插口。

图 10-34　三相交流电动机机组

图 10-35　温度实验模块

六、步进电机与伺服电机装置

步进电机与伺服电机支架是由支架、步进电机、步进电机驱动器、伺服电机、伺服电机驱动器、辅助电源等组成。步进电机与伺服电机支架如图 10-36 所示。

外形尺寸：长 390mm、宽 240mm、高 240mm。

元件清单如下：

图 10 - 36　步进电机与伺服电机支架

（1）42BYGH5403 两相混合式步进电机一只。

（2）SH - 20403 两相混合式步进驱动器一只。

（3）CJX2 - 0910/220V 接触器五只。

（4）ECMA - C30604PS 台达伺服电机一只。

（5）ASD - A0421 - AB 台达驱动器一只。

（6）5V、24V 开关电源一只。

七、传感器支架

传感器支架（图 10 - 37）是由电容式接近开关、电感式接近开关、光电式接近开关和行程开关组成，传感器下方托架便于温度实验模块、被检测物料存放。将传感器、行程开关的电源、触点等通过端子排引出，便于操作和使用。

图 10 - 37　传感器支架

外形尺寸：长 435mm、宽 135mm、高 225mm。

元件清单如下：

（1）YBLX - ME/8104 行程开关四只。

（2）CSB4 - 18M60 - EO - AM 电容式传感器一只。

（3）GH1 - 1204NA 电感式传感器一只。

（4）GH3 - N1810NA 光电式传感器一只。

YL - 156A 型电气安装与实训装置见表 10 - 12 和表 10 - 13。

表 10 - 12 照明灯具、插座与中间线盒

序号	名 称	规格/型号	单位	数量
1	日光灯组件	21W（带罩）	套	1
2	节能灯	9W	只	2
3	钠灯	110W	套	1
4	螺口平灯头	E27	只	2
5	声控开关	86 型	只	1
6	泰力 1 插	118 型	只	2
7	泰力 2 插	118 型	只	1
8	泰力 1 开	118 型	只	1
9	飞雕 2 开	86 型	只	2
10	飞雕 4 开	86 型	只	2
11	吸顶灯	21W	只	1
12	触摸开关	86 型（带明装底盒）	只	1
13	暗盒	86 型	只	5
14	明盒	86 型	只	3
		118 型	只	1
15	白板	86 型	只	2
16	塑料圆木	YM - 2	只	3

表 10 - 13 照明与动力线路布线用器材

序号	名 称	规格/型号	单位	数量	备注（说明）
1	PVC 线管	$\phi16$	根	2	3m
2	PVC 直通	$\phi16$	只	10	
3	PVC 杯疏	$\phi16$	只	30	
4	扎带	3×100mm	包	1	500 只/包
5	M4 * 20 螺丝（戴帽）	200 只/套	套	1	带 2 只平垫、1 只弹垫
6	PVC 平线槽	20×10	根	2	3m/根
		30×17	根	2	

序号	名 称		规格/型号	单位	数量	备注（说明）
7	绝缘导线		BVR1.5mm/m²	盘	3	红、绿、黄色各1盘
			BVR1.0mm/m²	盘	2	蓝、双色各1盘
8	平头线卡		ϕ16	只	30	
9	镀锌金属桥架（带盖）全部定制	桥架	50×30	根	6	500mm/根
			50×30	根	3	300mm/根
			50×30	根	3	200mm/根
		附件1	50×30 水平90°弯	只	2	100mm×100mm×30mm
		附件2	50×30 水平45°弯	只	4	
		附件3	水平直三通	只	2	150mm×100mm×30mm
		附件4	垂直下三通	只	1	150mm×150mm×30mm
		附件5	水平四通	只	1	
		附件6	垂直上弯通（外弯）	只	2	100mm×100mm×25mm
		附件7	垂直下弯通（内弯）	只	2	
		附件8	线槽支架（托架）	只	12	75mm×30mm×30mm
		附件9	连接板	只	20	100mm×25mm×10mm
		附件10	连接螺丝	套	120	每套戴帽1只、平垫1只、弹垫1只

练习题 多台（三台电动机）电动机的顺序控制电路的连接

一、实训目的
（1）通过实际电路的安装接线，掌握按原理图安装接线的方法。
（2）通过实训加深理解该电路的特点。

二、准备材料
（1）电气控制箱。
（2）三相交流电动机机组。
（3）电工实训工具等。

三、安装电路原理图
按图10-38的内容接线，经指导老师检查无误后，方可通电实验。

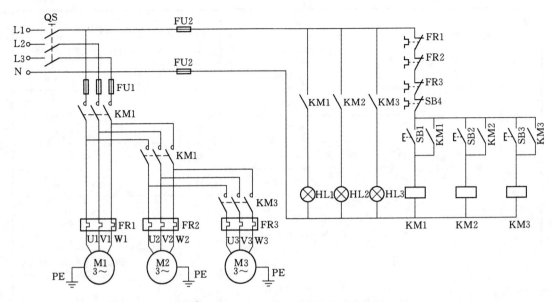

图 10 - 38 三台电动机的顺序控制电路图

四、安装顺序

电气控制箱安装相应元件→导线制作→导线编号→按工艺要求接线→安装三相电动机组→连接电气控制箱与电机组导线→安装电源线→通电前检查→通电试验。

五、通电实验步骤与考核评分

(1) 启动时:闭合开关 QS,按下按钮 SB1,线圈 KM1 得电,主触点闭合,且 KM1 常开触点闭合自锁,HL1 工作指示灯亮,电动机 M1 启动。

(2) 按下按钮 SB2,线圈 KM2 得电,主触点闭合,且 KM2 常开触点闭合自锁,HL2 工作指示灯亮,电动机 M2 启动;按下按钮 SB3,线圈 KM3 得电,主触点闭合,且 KM3 常开触点闭合自锁,HL3 工作指示灯亮,电动机 M3 启动;停止时:按下按钮 SB4、KM1、KM2、KM3 同时失电,主触点与辅助触点同时复位,停止工作完成;启动顺序不能错乱,否则不能正常启动;三台电动机均为单向转动,启动方式均为全压启动。

该项目评分为 40 分,按表 10 - 14 进行考核。

表 10 - 14 评 分 标 准

序号	主要内容	考核要求	评 分 标 准	配分	扣分	得分
1	元件安装	(1) 按图纸的要求,正确使用工具和仪表,熟练安装电气元器件。 (2) 元件在配电板上布置要合理,安装要准确、紧固。 (3) 按钮盒不固定在板上	(1) 元件布置不整齐、不匀称、不合理,每个扣 1 分。 (2) 元件安装不牢固、安装元件时漏装螺钉,每个扣 1 分。 (3) 损坏元件,每个扣 2 分	5		

续表

序号	主要内容	考 核 要 求	评 分 标 准	配分	扣分	得分
2	布线	（1）布线要求横平竖直，接线紧固美观。 （2）电源和电动机配线、按钮接线要接到端子排上，要注明引出端子标号。 （3）导线不能乱线敷设	（1）电动机运行正常，但未按电路图接线，扣1分。 （2）布线不横平竖直，主、控制电路，每根扣0.5分。 （3）接点松动、接头露铜过长、反圈、压绝缘层、标记线号不清楚、遗漏或误标，每处扣0.5分。 （4）损伤导线绝缘或线芯，每根扣0.5分。 （5）导线乱线敷设扣10分	15		
3	通电试验	在保证人身和设备安全的前提下，通电试验一次成功	（1）时间继电器及热继电器整定值错误各扣2分。 （2）主、控电路配错熔体，每个扣1分。 （3）一次试车不成功扣5分；二次试车不成功扣10分；三次试车不成功扣15分	20		
			合 计			
备注			教师 签字			
					年 月 日	

练 习 题

一、单项选择题

1. 下列选项中属于职业道德范畴的是（　　）。

A. 企业经营业绩 　　　　　　B. 企业发展战略

C. 员工的技术水平 　　　　　　D. 人们的内心信念

2. 在企业的经营活动中，下列选项中的（　　）不是职业道德功能的表现。

A. 激励作用 　　　　　　B. 决策能力

C. 规范行为 　　　　　　D. 遵纪守法

3. 下列事项中属于办事公道的是（　　）。

A. 顾全大局，一切听从上级 　　　　B. 大公无私，拒绝亲戚求助

C. 知人善任，努力培养知己 　　　　D. 坚持原则，不计个人得失

4. 企业员工在生产经营活动中，不符合平等尊重要求的是（　　）。

A. 真诚相待，一视同仁 　　　　B. 互相借鉴，取长补短

C. 男女有序，尊卑有别 　　　　D. 男女平等，友爱亲善

5. （　　）的作用是实现能量的传输和转换、信号的传递和处理。

A. 电源 　　　B. 非电能 　　　C. 电路 　　　D. 电能

6. 电位是（　　），随参考点的改变而改变，而电压是绝对量，不随考点的改变而改变。

A. 恒量 　　　B. 变量 　　　C. 绝对量 　　　D. 相对量

7. 电阻器反映导体对电流起阻碍作用的大小，简称（　　）。

A. 电动势 　　　B. 功率 　　　C. 电阻率 　　　D. 电阻

8. （　　）反映了在不含电源的一段电路中，电流与这段电路两端的电压及电阻的关系。

A. 欧姆定律 　　　　　　B. 楞次定律

C. 部分电路欧姆定律 　　　　D. 全欧姆定律

9. 如图 1 所示，不计电压表和电流表的内阻对电路的影响。开关接 1 时，电流表中流过的短路电流为（　　）。

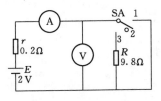

图 1　习题图 1

A. 0A   B. 10A   C. 0.2A   D. 约等于 0.2A

10. 磁场强度的方向和所在点的（   ）的方向一致。

A. 磁通或磁通量   B. 磁导率

C. 磁场强度   D. 磁感应强度

11. 每相绕组两端的电压称相电压。它们的相位（   ）。

A. 45°   B. 90°   C. 120°   D. 180°

12. 将变压器的一次侧绕组接交流电源，二次侧绕组与（   ）连接，这种运行方式称为（   ）运行。

A. 空载   B. 过载   C. 满载   D. 负载

13. 当二极管外加电压时，反向电流很小，且不随（   ）变化。

A. 正向电流   B. 正向电压   C. 电压   D. 反向电压

14. 三极管放大区的放大条件为（   ）。

A. 发射结正偏，集电结反偏   B. 发射结反偏或零偏，集电结反偏

C. 发射结和集电结正偏   D. 发射结和集电结反偏

15. 在图 2 放大电路中，已知 $U_{CC}=6V$、$R_C=2k\Omega$、$R_B=200k\Omega$、$\beta=50$。若 R_B 减小，三极管工作在（   ）状态。

A. 放大   B. 截止   C. 饱和   D. 导通

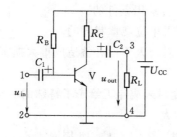

图 2 习题图 2

16. 若被测电流超过测量机构的允许值，就需要在表头上（   ）一个称为分流器的低值电阻。

A. 正接   B. 反接   C. 串联   D. 并联

17. 测量电压时，电压表应与被测电路（   ）。

A. 并联   B. 串联   C. 正接   D. 反接

18. 万用表的接线方法与直流电流表一样，应把万用表串联在电路中。测量直流电压时，应把万用表与被测电路（   ）。

A. 串联   B. 并联   C. 正接   D. 反接

19. （   ）的工频电流通过人体时，就会有生命危险。

A. 0.1mA   B. 1mA   C. 15mA   D. 50mA

20. 人体（   ）是最危险的触电形式。

A. 单相触电   B. 两相触电

C. 接触电压触电   D. 跨步电压触电

21. 潮湿场所的电气设备使用时的安全电压为（　　）。

　　A. 9V　　　　　B. 12V　　　　　C. 24V　　　　　D. 36V

22. 高压设备室内不得接近故障点（　　）以内。

　　A. 1m　　　　　B. 2m　　　　　C. 3m　　　　　D. 4m

23. 下列污染形式中不属于生态破坏的是（　　）。

　　A. 森林破坏　　B. 水土流失　　　C. 水源枯竭　　　D. 地面沉降

24. 下列电磁污染形式不属于人为的电磁污染的是（　　）。

　　A. 脉冲放电　　B. 电磁场　　　　C. 射频电磁污染　D. 地震

25. 噪声可分为气体动力噪声，机械噪声和（　　）。

　　A. 电力噪声　　B. 水噪声　　　　C. 电气噪声　　　D. 电磁噪声

26. 对于每个职工来说，质量管理的主要内容有岗位的质量要求、质量目标、质量保证措施和（　　）等。

　　A. 信息反馈　　B. 质量水平　　　C. 质量记录　　　D. 质量责任

27. 劳动者的基本权利包括（　　）等。

　　A. 完成劳动任务　　　　　　　　B. 提高职业技能

　　C. 执行劳动安全卫生规程　　　　D. 获得劳动报酬

28. 根据劳动法的有关规定，（　　），劳动者可以随时通知用人单位解除劳动合同。

　　A. 在试用期间被证明不符合录用条件的

　　B. 严重违反劳动纪律或用人单位规章制度的

　　C. 严重失职、营私舞弊，对用人单位利益造成重大损害的

　　D. 在试用期内

29. 劳动安全卫生管理制度对未成年工给予了特殊的劳动保护，这其中的未成年工是指年满（　　）未满 18 周岁的人。

　　A. 14 周岁　　B. 15 周岁　　　C. 16 周岁　　　D. 17 周岁

30. 发电机控制盘上的仪表的准确度等级一般不低于（　　）。

　　A. 0.1 级　　B. 0.5 级　　　C. 1.5 级　　　D. 2.5 级

31. 对于有互供设备的变配电所，应装设符合互供条件要求的电测仪表。例如，对可能出现两个方向电流的直流电路，应装设有双向标度尺的（　　）。

　　A. 功率表　　B. 直流电流表　　C. 直流电压表　　D. 功率因数表

32. 电子仪器按（　　）可分为袖珍式、便携式、台式、架式、插件式等仪器。

　　A. 功能　　　　B. 工作频段　　　C. 工作原理　　　D. 结构特点

33. X6132 型万能铣床启动主轴时，先接通电源，再把换向开关 SA3 转到主轴所需的旋转方向，然后按启动按钮 SB3 或 SB4 接通接触器 KM1，即可启动主轴电动机（　　）。

　　A. M1　　　　B. M2　　　　　C. M3　　　　　D. M4

34. X6132 型万能铣床停止主轴时，按停止按钮 SB1-1 或（　　），切断接触器 KM1 线圈的供电电路，并接通 YC1 主轴制动电磁离合器，主轴即可停止转动。

　　A. SB2-1　　B. SB3-1　　　C. SB4-1　　　D. SB5-1

35. X6132 型万能铣床工作台的左右运动由操纵手柄来控制，其联动机构控制行程开

关 SQ1 和 SQ2，它们分别控制工作台（　　）运动。

 A. 向右及向上   B. 向右及向下

 C. 向右及向后   D. 向右及向左

36. X6132 型万能铣床工作台向后、向上压手柄 SQ4 及工作台向左手柄压 SQ2，接通接触器（　　）线圈，即按选择方向作进给运动。

 A. KM1   B. KM2   C. KM3   D. KM4

37. X6132 型万能铣床工作台向前（　　）手柄压 SQ3 及工作台向右手柄压 SQ1，接通接触器 KM3 线圈，即按选择方向作进给运动。

 A. 向上   B. 向下   C. 向后   D. 向前

38. X6132 型万能铣床工作台变换进给速度时，当蘑菇形手柄向前拉至极端位置且在反向推回之前借孔盘推动行程开关（　　），瞬时接通接触器 KM3，则进给电动机作瞬时转动，使齿轮容易啮合。

 A. SQ1   B. SQ3   C. SQ4   D. SQ6

39. X6132 型万能铣床主轴上刀换刀时，先将转换开关 SA2 扳到断开位置确保主轴（　　），然后再上刀换刀。

 A. 保持待命状态   B. 断开电源

 C. 与电路可靠连接   D. 不能旋转

40. X6132 型万能铣床控制电路中，机床照明由（　　）供给，照明灯本身由开关控制。

 A. 直流电源   B. 控制变压器

 C. 照明变压器   D. 主电路

41. 在 MGB1420 万能磨床的冷却泵电动机控制回路中，接通电源开关 QS1 后，220V 交流控制电压通过开关 SA2 控制接触器（　　），从而控制液压、冷却泵电动机。

 A. KM1   B. KM2   C. KM3   D. KM4

42. 在 MGB1420 万能磨床的内外磨砂轮电动机控制回路中，接通电源开关 QS1，220V 交流控制电压通过开关 SA3 控制接触器（　　）的通断，达到内外磨砂轮电动机的启动和停止。

 A. KM1   B. KM2   C. KM3   D. KM4

43. 在 MGB1420 万能磨床的工件电动机控制回路中，M 的启动、点动及停止由主令开关（　　）控制中间继电器 KA1、KA2 来实现。

 A. KA1、KA2   B. KA1、KA3

 C. KA2、KA3   D. KA1、KA4

44. 在 MGB1420 万能磨床的工件电动机控制回路，主令开关 SA1 扳在试挡时，中间继电器 KA1 线圈吸合，从电位器（　　）引出给定信号电压，制动回路被切断。

 A. RP_1 B. RP_2 C. RP_4 D. RP_6

45. 在 MGB1420 万能磨床的自动循环工作电路系统中，通过微动开关 SQ1、SQ2，行程开关 SQ3，万能转换开关 SA4，时间继电器（　　）和电磁阀 YT 与油路、机械方面配合实现磨削自动循环工作。

A. KA   B. KM   C. KT   D. KP

46. 在 MGB1420 万能磨床的晶闸管直流调速系统中，该系统的工件电动机的转速为（ ）。

A. 0～1100r/min   B. 0～1900r/min

C. 0～2300r/min   D. 0～2500r/min

47. 在 MGB1420 万能磨床晶闸管直流调速系统控制回路的基本环节中，（ ）为移相触发器。

A. V33   B. V34   C. V35   D. V37

48. 在 MGB1420 万能磨床晶闸管直流调速系统控制回路的辅助环节中，V19、（ ）组成电流正反馈环节。

A. R_{26} B. R_{29} C. R_{36} D. R_{38}

49. 在 MGB1420 万能磨床晶闸管直流调速系统控制回路的辅助环节中，由 C15、R37、（ ）、RP5 等组成电压微分负反馈环节，以改善电动机运转时的动态特性。

A. R_{19} B. R_{26} C. R_{27} D. R_{37}

50. 在 MGB1420 万能磨床晶闸管直流调速系统控制回路中，V36 的基极加有通过 R_{19}、V13 来的正向直流电压和由变压器 TC1 的二次线圈经 V6、（ ）整流后的反向直流电压。

A. V12   B. V21   C. V24   D. V29

51. 绘制电气原理图时，通常把主线路和辅助线路分开，主线路用粗实线画在辅助线路的左侧或（ ）。

A. 上部   B. 下部   C. 右侧   D. 任意位置

52. 在分析主电路时，应根据各电动机和执行电器的控制要求，分析其控制内容，如电动机的启动、（ ）等基本控制环节。

A. 工作状态显示   B. 调速

C. 电源显示   D. 参数测定

53. 下列故障原因中（ ）会导致直流电动机不能启动。

A. 电源电压过高   B. 接线错误

C. 电刷架位置不对   D. 励磁回路电阻过大

54. 直流电动机转速不正常的故障原因主要有（ ）等。

A. 换向器表面有油污   B. 接线错误

C. 无励磁电流   D. 励磁回路电阻过大

55. 直流电动机因电刷牌号不相符导致电刷下火花过大时，应更换（ ）的电刷。

A. 高于原规格   B. 低于原规格

C. 原牌号   D. 任意

56. 直流电动机温升过高时，发现电枢绕组部分线圈接反，此时应（ ）。

A. 进行绕组重绕   B. 检查后纠正接线

C. 更换电枢绕组   D. 检查绕组绝缘

57. 直流电动机滚动轴承发热的主要原因有（ ）等。

A. 轴承与轴承室配合过松　　　　B. 轴承变形

C. 电动机受潮　　　　　　　　　D. 电刷架位置不对

58. 造成直流电动机漏电的主要原因有（　　　）等。

A. 电动机绝缘老化　　　　　　　B. 并励绕组局部短路

C. 转轴变形　　　　　　　　　　D. 电枢不平衡

59. 检查波形绕组开路故障时，在四极电动机里，换向器上有（　　　）烧毁的黑点。

A. 两个　　　　B. 三个　　　　C. 四个　　　　D. 五个

60. 检查波形绕组短路故障时，对于六极电枢，当测量到一根短路线圈的两个线端中间的任何一根的时候，电压表上的读数大约等于（　　　）。

A. 最大值　　B. 正常的 1/2　　C. 正常的 1/3　　D. 零

61. 用测量换向片间压降的方法检查电枢绕组对地短路故障时，用毫伏表依次测量相邻两换向片的压降，邻近对地短路点的片间压降会（　　　）。

A. 方向相反　　B. 方向相同　　C. 为零　　　　D. 不确定

62. 车修换向器表面时，加工后换向器与轴的同轴度不超过（　　　）。

A. 0.02～0.03mm　　　　　　　B. 0.03～0.35mm

C. 0.35～0.4mm　　　　　　　　D. 0.4～0.45mm

63. 采用热装法安装滚动轴承时，首先将轴承放在油锅里煮，轴承约煮（　　　）。

A. 2min　　B. 3～5min　　C. 5～10min　　D. 15min

64. 确定电动机电刷中性线位置时，对于大中型电动机，电压一般为（　　　）。

A. 几伏　　B. 十几伏　　C. 几伏到十几伏　　D. 几十伏

65. 直流伺服电动机旋转时有大的冲击，其原因如：测速发电机在（　　　）时，输出电压的纹波峰值大于 2%。

A. 550r/min　　B. 750r/min　　C. 1000r/min　　D. 1500r/min

66. 在无换向器电动机常见故障中，接触不良属于（　　　）。

A. 误报警故障　　　　　　　　　B. 转子位置检测器故障

C. 电磁制动故障　　　　　　　　D. 接线故障

67. 电磁调速电动机校验和试车时，拖动电动机一般可以全压启动，如果电源容量不足，可采用（　　　）作减压启动。

A. 串电阻　　　B. Y-△　　　　C. 自耦变压器　　D. 延边三角形

68. 交磁电机扩大机安装电刷时，电刷在刷握中不应卡住，但也不能过松，其间隙一般为（　　　）。

A. 0.1mm　　B. 0.3mm　　C. 0.5mm　　D. 1mm

69. 交磁电机扩大机补偿程度的调节时，对于负载为直流电机时，其欠补偿程度应欠得多一些，常为全补偿特性的（　　　）。

A. 75%　　B. 80%　　C. 90%　　D. 100%

70. 造成交磁电机扩大机空载电压很低或没有输出的主要原因有（　　　）。

A. 控制绕组断路　　　　　　　　B. 换向绕组短路

C. 补偿绕组过补偿　　　　　　　D. 换向绕组接反

71. X6132 型万能铣床的全部电动机都不能启动，可能是由于（　　）造成的。

A. 停止按钮常闭触点短路

B. SQ7 常开触点接触不良

C. 控制变压器 TC 的输出电压不正常

D. 电磁离合器 YC1 无直流电压

72. X6132 型万能铣床主轴停车时没有制动，若主轴电磁离合器 YC1 两端无直流电压，则检查接触器（　　）的常闭触点是否接触良好。

A. KM1　　　　　B. KM2　　　　　C. KM3　　　　　D. KM4

73. 当 X6132 型万能铣床主轴电动机已启动，而进给电动机不能启动时，接触器 KM3 或 KM4 不能吸合，则应检查（　　）。

A. 接触器 KM3、KM4 线圈是否断线

B. 电动机 M3 的进线端电压是否正常

C. 熔断器 FU2 是否熔断

D. 接触器 KM3、KM4 的主触点是否接触不良

74. 当 X6132 型万能铣床工作台不能快速进给，检查接触器 KM2 是否吸合，如果已吸合，则应检查（　　）。

A. KM2 的线圈是否断线

B. 离合器摩擦片

C. 快速按钮 SB5 的触点是否接触不良

D. 快速按钮 SB6 的触点是否接触不良

75. MGB1420 型磨床电气故障检修时，如果液压泵、冷却泵都不转动，则应检查熔断器 FU1 是否熔断，再看接触器（　　）是否吸合。

A. KM1　　　　　B. KM2　　　　　C. KM3　　　　　D. KM4

76. MGB1420 型磨床控制回路电气故障检修时，自动循环磨削加工时不能自动停机，可能是行程开关（　　）接触不良。

A. SQ1　　　　　B. SQ2　　　　　C. SQ3　　　　　D. SQ4

77. MGB1420 型磨床工件无级变速直流拖动系统故障检修时，在观察稳压管的波形的同时，要注测量稳压管的电流是否在规定的稳压电流范围内。如过大或过小应调整（　　）的阻值，使稳压管工作在稳压范围内。

A. R_1　　　　　B. R_2　　　　　C. R_3　　　　　D. R_4

78. 用万用表测量测量控制极和阴极之间正向阻值时，一般反向电阻比正向电阻大，正向几十欧姆以下，反向（　　）以上。

A. 数十欧姆以上　　　　　　　　B. 数百欧姆以上

C. 数千欧姆以上　　　　　　　　D. 数十千欧姆以上

79. 晶闸管调速电路常见故障中，工件电动机不转，可能是（　　）。

A. 三极管 V35 漏电流过大　　　　B. 三极管 V37 漏电流过大

C. 触发电路没有触发脉冲输出　　　D. 三极管已经击穿

80. 在测量额定电压为 500V 以上的线圈的绝缘电阻时，应选用额定电压为（　　）

的兆欧表。

A. 500V　　　B. 1000V　　　C. 2500V　　　D. 2500V 以上

81. 钳形电流表按结构原理不同，可分为互感器式和（　　）两种。

A. 磁电式　　　B. 电磁式　　　C. 电动式　　　D. 感应式

82. 使用 PF-32 数字式万用表测 50mA 直流电流时，按下（　　）键，选择 200mA 量程，接通万用表电源开关。

A. S1　　　B. S2　　　C. S3　　　D. S7

83. 在对称三相电路中，可采用一只单相功率表测量三相无功功率，其实际三相功率应是测量值乘以（　　）。

A. 2　　　B. 3　　　C. 4　　　D. 5

84. 用示波器测量脉冲信号时，在测量脉冲上升时间和下降时间时，根据定义应从脉冲幅度的（　　）和 90％处作为起始和终止的基准点。

A. 2％　　　B. 3％　　　C. 5％　　　D. 10％

85. 直流单臂电桥适用于测量阻值为（　　）的电阻。

A. $0.1\Omega\sim1M\Omega$ 　　　B. $1\Omega\sim1M\Omega$

C. $10\Omega\sim1M\Omega$ 　　　D. $100\Omega\sim1M\Omega$

86. 晶体管图示仪在使用时，应合理选择峰值电压范围开关挡位。测量前，应先将峰值电压调节旋钮调到（　　），测量时逐渐调大，直至调到曲线出现击穿为止。

A. 零位　　　B. 中间位置　　　C. 最大　　　D. 任意位置

87. 直流电动机的电枢绕组的绕组元件数 S 和换向片数 K 的关系是（　　）。

A. $S=K$　　　B. $S<K$　　　C. $S>K$　　　D. $S\geqslant K$

88. 直流测速发电机的结构与一般直流伺服电动机没有区别，也由铁芯、绕组和换向器组成，一般为（　　）。

A. 两极　　　B. 四极　　　C. 六极　　　D. 八极

89. 测速发电机可以作为（　　）。

A. 电压元件　　　B. 功率元件　　　C. 测速元件　　　D. 电流元件

90. 总是在电路输出端并联一个（　　）二极管。

A. 整流　　　B. 稳压　　　C. 续流　　　D. 普通

91. 单相桥式全控整流电路的优点是提高了变压器的利用率，不需要带中间抽头的变压器，且（　　）。

A. 减少了晶闸管的数量　　　B. 降低了成本

C. 输出电压脉动小　　　D. 不需要维护

92. 双向晶闸管具有（　　）层结构。

A. 3　　　B. 4　　　C. 5　　　D. 6

93. 用快速熔断器时，一般按（　　）来选择。

A. $I_N=1.03I_F$ 　　　B. $I_N=1.57I_F$

C. $I_N=2.57I_F$ 　　　D. $I_N=3I_F$

94. X6132 型万能铣床的主轴电动机 M1 为 7.5kW，应选择（　　）BVR 型塑料铜

221

芯线。

    A. 1mm²   B. 2.5mm²   C. 4mm²   D. 10mm²

95. X6132 型万能铣床除主回路、控制回路及控制板所使用的导线外，其他连接使用（   ）。

    A. 单芯硬导线   B. 多芯硬导线

    C. 多股同规格塑料铜芯软导线   D. 多芯软导线

96. X6132 型万能铣床线路左、右侧配电箱控制板时，油漆干后，固定好接触器、（   ）、熔断器、变压器、整流电源和端子等。

    A. 电流继电器   B. 热继电器

    C. 中间继电器   D. 时间继电器

97. X6132 型万能铣床线路敷设时，在平行于板面方向上的导线应（   ）。

    A. 交叉   B. 垂直   C. 平行   D. 平直

98. X6132 型万能铣床线路导线与端子连接时，导线接入接线端子，首先根据实际需要剥切出连接长度，（   ），然后，套上标号套管，再与接线端子可靠地连接。

    A. 除锈和清除杂物   B. 测量接线长度

    C. 浸锡   D. 恢复绝缘

99. X6132 型万能铣床电动机的安装，一般采用（   ）。

    A. 机械操作   B. 人力操作

    C. 起吊装置   D. 人力操作、机械操作均可

100. X6132 型万能铣床机床床身立柱上电气部件与升降台电气部件之间的连接导线用金属软管保护，其两端按有关规定用（   ）固定好。

    A. 绝缘胶布   B. 卡子   C. 导线   D. 塑料套管

101. 机床的电气连接时，元器件上端子的接线用剥线钳剪切出适当长度，剥出接线头，除锈，然后镀锡，（   ），接到接线端子上用螺钉拧紧即可。

    A. 套上号码套管   B. 测量长度

    C. 整理线头   D. 清理线头

102. 机床的电气连接时，所有接线应（   ）。

    A. 连接可靠，不得松动   B. 长度合适，不得松动

    C. 整齐，松紧适度   D. 除锈，可以松动

103. 20t/5t 桥式起重机安装前检查各电器是否良好，其中包括检查电动机、电磁制动器、（   ）及其他控制部件。

    A. 凸轮控制器   B. 过电流继电器

    C. 中间继电器   D. 时间继电器

104. 20t/5t 桥式起重机安装前应准备好常用仪表，主要包括（   ）。

    A. 试电笔   B. 直流双臂电桥

    C. 直流单臂电桥   D. 500V 兆欧表

105. 20t/5t 桥式起重机安装前应准备好辅助材料，包括电气连接所需的各种规格的导线、压接导线的线鼻子、绝缘胶布及（   ）等。

A. 剥线钳　　　B. 尖嘴钳　　　C. 电工刀　　　D. 钢丝

106. 起重机轨道的连接包括同一根轨道上接头处的连接和两根轨道之间的连接。两根轨道之间的连接通常采用 30mm×3mm 扁钢或（　　）以上的圆钢。

A. $\phi 5mm$　　　B. $\phi 8mm$　　　C. $\phi 10mm$　　　D. $\phi 20mm$

107. 桥式起重机接地体的制作时，可选用专用接地体或用 50mm×50mm×5mm（　　），截取长度为 2.5m，其一端加工成尖状。

A. 铁管　　　B. 钢管　　　C. 角铁　　　D. 角钢

108. 接地体制作完成后，在宽（　　），深 0.8～1.0m 的沟中将接地体垂直打入土壤中，直至接地体上端与坑沿地面间的距离为 0.6m 为止。

A. 0.5m　　　B. 1.2m　　　C. 2.5m　　　D. 3m

109. 桥式起重机连接接地体的扁钢采用（　　）而不能平放，所有扁钢要求平、直。

A. 立行侧放　　　B. 横放　　　C. 倾斜放置　　　D. 纵向放置

110. 桥式起重机接地体安装时，接地体埋设位置应距建筑物 3m 以上的地方，桥式起重机接地体的制作距进出口或人行道（　　）以上，应选在土壤导电性较好的地方。

A. 1m　　　B. 2m　　　C. 3m　　　D. 5m

111. 桥式起重机支架悬吊间距约为（　　）。

A. 0.5m　　　B. 1.5m　　　C. 2.5m　　　D. 5m

112. 以 20t/5t 桥式起重机导轨为基础，供电导管调整时，调整导管水平高度时，以悬吊梁为基准，在悬吊架处测量并校准，直至误差（　　）。

A. ≤2mm　　　B. ≤2.5mm　　　C. ≤4mm　　　D. ≤6mm

113. 20t/5t 桥式起重机的电源线进线方式有（　　）和端部进线两种。

A. 上部进线　　　B. 下部进线　　　C. 中间进线　　　D. 后部进线

114. 20t/5t 桥式起重机限位开关的安装安装要求是：依据设计位置安装固定限位开关，限位开关的型号、规格要符合设计要求，以保证安全撞压、（　　）、安装可靠。

A. 绝缘良好　　　B. 动作灵敏　　　C. 触头使用合理　　　D. 便于维护

115. 起重机照明电源由 380V 电源电压经隔离变压器取得 220V 和 36V，其中 220V 用于（　　）照明。

A. 桥箱控制室内　　　　　　　　　B. 桥下

C. 桥架上维修　　　　　　　　　　D. 桥箱内电热取暖

116. 起重机照明及信号电路所取得的 220V 及（　　）电源均不接地。

A. 12V　　　B. 24V　　　C. 36V　　　D. 380V

117. 20t/5t 桥式起重机电线管路安装时，根据导线直径和根数选择电线管规格，用卡箍、螺钉紧固或（　　）固定。

A. 焊接方法　　　B. 铁丝　　　C. 硬导线　　　D. 软导线

118. 20t/5t 桥式起重机连接线必须采用铜芯多股软线，采用多股单芯线时，截面积不小于（　　）。

A. $1mm^2$　　　B. $1.5mm^2$　　　C. $2.5mm^2$　　　D. $6mm^2$

119. 桥式起重机操纵室、控制箱内的配线，控制回路导线可用（　　）。

A. 铜芯多股软线　　　　　　　　B. 橡胶绝缘电线

C. 塑料绝缘导线　　　　　　　　D. 护套线

120. 桥式起重机电线管进、出口处，线束上应套以（　　）保护。

A. 铜管　　　　B. 塑料管　　　　C. 铁管　　　　D. 钢管

121. 20t/5t 桥式起重机的移动小车上装有主副卷扬机、（　　）及上升限位开关等。

A. 小车左右运动电动机　　　　　B. 下降限位开关

C. 断路开关　　　　　　　　　　D. 小车前后运动电动机

122. 橡胶软电缆供、馈电线路采用拖缆安装方式，该结构两端的钢支架采用 $50mm\times50mm\times5mm$ 角钢或槽钢焊制而成，并通过（　　）固定在桥架上。

A. 底脚　　　　B. 钢管　　　　C. 角钢　　　　D. 扁铁

123. 供、馈电线路采用拖缆安装方式安装时，将尼龙绳与电缆连接，再用吊环将电缆吊在钢缆上，每 2m 设一个吊装点，吊环与电缆、尼龙绳固定时，电缆上要设（　　）。

A. 防护层　　　　B. 绝缘层　　　　C. 间距标志　　　　D. 标号

124. 绕线式电动机转子电刷短接时，负载启动力矩不超过额定力矩 50％时，按转子额定电流的（　　）选择截面。

A. 35％　　　　B. 50％　　　　C. 60％　　　　D. 70％

125. 反复短时工作制的周期时间 $T\leqslant10min$，工作时间 $t_g\leqslant4min$ 时，导线的允许电流有下述情况确定：截面小于（　　）的铜线，其允许电流按长期工作制计算。

A. $1.5mm^2$　　　　B. $2.5mm^2$　　　　C. $4mm^2$　　　　D. $6mm^2$

126. 短时工作制的停歇时间不足以使导线、电缆冷却到环境温度时，导线、电缆的允许电流按（　　）确定。

A. 反复短时工作制　　　　　　　B. 短时工作制

C. 长期工作制　　　　　　　　　D. 反复长时工作制

127. 干燥场所内明敷时，一般采用管壁较薄的（　　）。

A. 硬塑料管　　　B. 电线管　　　C. 软塑料管　　　D. 水煤气管

128. 根据穿管导线截面和根数选择线管的直径时，一般要求穿管导线的总截面不应超过线管内径截面的（　　）。

A. 15％　　　　B. 30％　　　　C. 40％　　　　D. 55％

129. 同一照明方式的不同支线可共管敷设，但一根管内的导线数不宜超过（　　）。

A. 4 根　　　　B. 6 根　　　　C. 8 根　　　　D. 10 根

130. 小容量晶闸管调速电路要求调速平滑、（　　）、稳定性好。

A. 可靠性高　　　B. 抗干扰能力强　　　C. 设计合理　　　D. 适用性好

131. 小容量晶体管调速器电路的主回路采用（　　），直接由 220V 交流电源供电。

A. 单相半波可控整流电路　　　　B. 单相全波可控整流电路

C. 单相桥式半控整流电路　　　　D. 三相半波可控整流电路

132. 小容量晶体管调速器电路中的电压负反馈环节由（　　）、R_3、RP_6 组成。

A. R_7　　　　B. R_9　　　　C. R_{16}　　　　D. R_{20}

133. X6132 型万能铣床主轴启动时，如果主轴不转，检查电动机（　　）控制回路。

A. M1　　　　B. M2　　　　C. M3　　　　D. M4

134. X6132型万能铣床主轴上刀制动时。把 SA2－2 打到接通位置；SA2－1 断开 127V 控制电源，主轴刹车离合器（　　）得电，主轴不能启动。

A. YC1　　　B. YC2　　　C. YC3　　　　D. YC4

135. X6132型万能铣床工作台操作手柄在中间时，行程开关动作，（　　）电动机正转。

A. M1　　　　B. M2　　　　C. M3　　　　D. M4

136. X6132型万能铣床工作台进给变速冲动时，先将蘑菇形手柄向外拉并转动手柄，将转盘调到所需进给速度，然后将蘑菇形手柄拉到极限位置，这时连杆机构压合 SQ6，（　　）接通正转。

A. M1　　　　B. M2　　　　C. M3　　　　D. M4

137. X6132型万能铣床工作台快速移动可提高工作效率，调试时，必须保证当按下（　　）时，YC3 动作的即时性和准确性。

A. SB2　　　B. SB3　　　　C. SB4　　　　D. SB6

138. X6132型万能铣床工作台快速进给调试时，将操作手柄扳到相应的位置，按下按钮（　　），KM2 得电，其辅助触点接通 YC3，工作台就按选定的方向快进。

A. SB1　　　B. SB2　　　　C. SB3　　　　D. SB6

139. X6132型万能铣床圆工作台回转运动调试时，主轴电机启动后，进给操作手柄打到零位置，并将 SA1 打到接通位置，M1、M3 分别由（　　）和 KM3 吸合而得电运转。

A. KM1　　　B. KM2　　　C. KM3　　　　D. KM4

140. MGB1420万能磨床试车调试时，将（　　）开关转到"试"的位置，中间继电器 KA1 接通电位器 RP_6，调节电位器使转速达到 $200\sim300r/min$，将 RP_6 封住。

A. SA1　　　B. SA2　　　　C. SA3　　　　D. SA4

141. MGB1420万能磨床电动机空载通电调试时，将 SA1 开关转到"开"的位置，中间继电器 KA2 接通，并把调速电位器接入电路，慢慢转动 RP_1 旋钮，使给定电压信号（　　）。

A. 逐渐上升　　B. 逐渐下降　　C. 先上升后下降　　D. 先下降后上升

142. MGB1420万能磨床电流截止负反馈电路调整，工件电动机的功率为 0.55kW，额定电流为 3A，将截止电流调至 4.2A 左右。把电动机转速调到（　　）的范围内。

A. 20～30r/minB. 100～200r/min　C. 200～300r/min　D. 700～800r/min

143. MGB1420万能磨床电动机转数稳定调整时，V19、R_{26} 组成电流正反馈环节，（　　）、R_{36}、R_{28} 组成电压负反馈电路。

A. R_{27}　　　B. R_{29}　　　C. R_{31}　　　D. R_{32}

144. 在 MGB1420万能磨床中，对于单结晶体管来说，一般选用 n 在（　　）左右。

A. 0.5～0.85　B. 0.85～1　　C. 1～2　　　D. 3～5

145. 电磁制动器的调整主要包括杠杆、制动瓦、（　　）和弹簧等。

A. 轴　　　　B. 动铁芯　　　C. 制动轮　　　D. 静铁芯

146. 20t/5t 桥式起重机电动机定子回路调试时，在断电情况下，顺时针方向扳动凸轮控制器操作手柄，同时用万用表 $R \times 1\Omega$ 挡测量 2L3 - W 及（　　），在 5 挡速度内应始终保持导通。

　　A. 2L1 - U　　B. 2L2 - W　　　C. 2L2 - U　　　D. 2L3 - W

147. 20t/5t 桥式起重机零位校验时，把凸轮控制器置"0"位。短接 KM 线圈，用万用表测量（　　）。当按下启动按钮 SB 时应为导通状态。

　　A. L1~L2　　B. L1~L3　　　C. L2~L3　　　D. L3

148. 20t/5t 桥式起重机的保护功能校验时，短接 KM 辅助触点和线圈接点，用万用表测量 L1~L3 应导通，这时手动断开 SA1、SQ1、（　　）、SQ$_{BW}$，L1~L3 应断开。

　　A. SQ$_{FW}$　　B. SQ$_{AW}$　　　C. SQ$_{HW}$　　　　D. SQ$_{DW}$

149. 20t/5t 桥式起重机主钩上升控制时，将控制手柄置于控制第三挡，确认 KM3 动作灵活。然后测试（　　）间应短接，由此确认 KM3 可靠吸合。

　　A. $R_{10} \sim R_{11}$　　B. $R_{11} \sim R_{13}$　　　C. $R_{13} \sim R_{15}$　　　D. $R_{15} \sim RC_{17}$

150. 20t/5t 桥式起重机钩上升控制过程中，将电动机接入线路时，将控制手柄置于上升第一挡，KM$_{UP}$、（　　）和 KM1 相继吸合，电动机 M5 转子处于较高电阻状态下运转，主钩应低速上升。

　　A. KM$_B$　　　B. KM$_{AP}$　　　C. KM$_{NP}$　　　D. KM$_{BP}$

151. 20t/5t 桥式起重机主钩下降控制线路校验时，置下降第四挡位，观察 KM$_D$、KM$_B$、KM1、（　　）可靠吸合，KM$_D$ 接通主钩电动机下降电源。

　　A. KM2　　　B. KM3　　　C. KM4　　　D. KM5

152. 20t/5t 桥式起重机主钩下降控制过程中，空载慢速下降，可以利用制动"2"挡配合强力下降（　　）挡交替操纵实现控制。

　　A. "1"　　　B. "3"　　　C. "4"　　　D. "5"

153. 20t/5t 桥式起重机吊钩加载试车时，加载过程中要注意是否有（　　）、声音等不正常现象。

　　A. 电流过大　　B. 电压过高　　　C. 异味　　　D. 空载损耗大

154. 较复杂机械设备开环调试时，应用示波器检查整流变压器与同步变压器二次侧相对（　　）、相位必须一致。

　　A. 相序　　　B. 次序　　　C. 顺序　　　D. 超前量

155. 较复杂机械设备反馈强度整定时，使电枢电流等于额定电流的 1.4 倍时，调节（　　）使电动机停下来。

　　A. RP_1　　　B. RP_2　　　C. RP_3　　　D. RP_4

156. CA6140 型车床是机械加工行业中最为常见的金属切削设备，其机床电源开关在机床（　　）。

　　A. 右侧　　　B. 正前方　　　C. 左前方　　　D. 左侧

157. CA6140 型车床三相交流电源通过电源开关引入端子板，并分别接到接触器 KM1 上和熔断器（　　）上。

　　A. FU1　　　B. FU2　　　C. FU3　　　D. FU4

158. CA6140 型车床控制线路的电源是通过变压器 TC 引入到熔断器 FU2，经过串联在一起的热继电器 FR1 和（　　）的辅助触点接到端子板 6 号线。

A. FR1　　　　　B. FR2　　　　　　C. FR3　　　　　　　D. FR4

159. 电气测绘前，先要了解原线路的控制过程、控制顺序、（　　）和布线规律等。

A. 控制方法　　　B. 工作原理　　　C. 元件特点　　　D. 工艺

160. 电气测绘中，发现接线错误时，首先应（　　）。

A. 做好记录　　　B. 重新接线　　　C. 继续测绘　　　D. 使故障保持原状

二、判断题

1.（　　）事业成功的人往往具有较高的职业道德。

2.（　　）职业道德活动中做到表情冷漠、严肃待客是符合职业道德规范要求的。

3.（　　）在职业活动中一贯地诚实守信会损害企业的利益。

4.（　　）勤劳节俭虽然有利于节省资源，但不能促进企业的发展。

5.（　　）职业纪律中包括群众纪律。

6.（　　）创新既不能墨守成规，也不能标新立异。

7.（　　）启动按钮优先选用绿色按钮；急停按钮应选用红色按钮，停止按钮优先选用红色按钮。

8.（　　）维修电工以电气原理图，安装接线图和平面布置图最为重要。

9.（　　）定子绕组串电阻的降压启动是指电动机启动时，把电阻串接在电动机定子绕组与电源之间，通过电阻的分压作用来降低定子绕组上的启动电压。

10.（　　）按钮连锁正反转控制线路的优点是操作方便，缺点是容易产生电源两相短路事故。在实际工作中，经常采用按钮，接触器双重连锁正反转控制线路。

11.（　　）各种绝缘材料的绝缘电阻强度的各种指标是抗张、抗压、抗弯、抗剪、抗撕、抗冲击等各种强度指标。

12.（　　）锉刀很脆，可以当撬棒或锤子使用。

13.（　　）钻夹头用来装夹直径 12mm 以下的钻头。

14.（　　）用耳塞、耳罩、耳棉等个人防护用品来防止噪声的干扰，在所有场合都是有效的。

15.（　　）岗位的质量要求是每个领导干部都必须做到的最基本的岗位工作职责。

16.（　　）劳动者的基本义务中应包括遵守职业道德。

17.（　　）某一电工指示仪表属于整流系仪表，这是从仪表的测量对象方面进行划分的。

18.（　　）从仪表的测量对象上分，电压表可以分为直流电流表和交流电流表。

19.（　　）从提高测量准确度的角度来看，测量时仪表的准确度等级越高越好，所以在选择仪表时，可不必考虑经济性，尽量追求仪表的高准确度。

20.（　　）仪表的准确度等级的表示，是仪表在正常条件下时相对误差的百分数。

21.（　　）电工指示仪表在使用时，准确度等级为 5.0 级的仪表可用于实验室。

22.（　　）非重要回路的 2.5 级电流表容许使用 3.0 级的电流互感器。

23. （   ）电子测量的频率范围极宽，其频率低端已进入 $10^{-2} \sim 10^{-3}$ Hz 量级，而高端已达到 4×10^{6} Hz。

24. （   ）X6132 型万能铣床进给运动时，用于控制工作台向后和向上运动的行程开关是 SQ3。

25. （   ）X6132 型万能铣床只有在主轴启动以后，进给运动才能动作，未启动主轴时，工作台所有运动均不能进行。

26. （   ）在 MGB1420 万能磨床的晶闸管直流调速系统中，R2 为能耗制动电阻。

27. （   ）MGB1420 万能磨床晶闸管直流调速系统控制回路的辅助环节中，由 C2、C5、C10 等组成微分校正环节。

28. （   ）为减少涡流损耗，直流电动机的磁极铁芯通常用 $1 \sim 2$mm 薄钢板冲制叠压后，用铆钉铆紧制成。

29. （   ）X6132 型万能铣床电气控制板制作前，应检查开关元件的开关性能是否良好，外形可不检查。

30. （   ）X6132 型万能铣床电气控制板制作前，可不用准备工具。

31. （   ）X6132 型万能铣床的电气元件安装时，要求元件之间、元件与箱壁之间的距离在各个方向上保持均匀。

32. （   ）X6132 型万能铣床限位开关的安装时，要将限位开关放置在撞块安全撞压区外，固定牢固。

33. （   ）当负载电流大于额定电流时，由于电流截止反馈环节的调节作用，晶闸管的导通角减小，输出的直流电压减大，电流随之减小。

34. （   ）X6132 型万能铣床的 SB1 按钮位于立柱侧。

35. （   ）X6132 型万能铣床主轴变速时主轴电动机的冲动控制时，先把主轴瞬时冲动手柄向上压，并拉到前面，转动主轴调速盘，选择所需的转速，再把冲动手柄以较快速度推回原位。

36. （   ）X6132 型万能铣床工作台升降（上下）和横向（前后）移动调试时，通过调整操纵手柄联动机构及限位开关 SQ3 和 SQ4 的位置，使开关可靠地动作。

37. （   ）在 MGB1420 万能磨床中，充电电阻 R 如果选得太大，会使单结晶体管导通后不再关断。

38. （   ）机械设备电气控制线路调试前，应将电子器件的插件全部插好，检查设备的绝缘及接地是否良好。

39. （   ）机械设备电气控制线路调试时，应先接入电机进行调试，然后再接入电阻性负载进行调试。

40. （   ）电气测绘时，一般先输入端，最后测绘各回路。

练 习 题 答 案

一、单项选择题

1. D	2. B	3. D	4. C	5. C	6. D	7. D
8. C	9. B	10. D	11. C	12. D	13. D	14. C
15. C	16. D	17. A	18. B	19. D	20. B	21. D
22. D	23. D	24. D	25. D	26. D	27. D	28. D
29. C	30. C	31. B	32. D	33. A	34. A	35. D
36. D	37. B	38. D	39. D	40. C	41. A	42. B
43. A	44. D	45. C	46. C	47. B	48. A	49. C
50. A	51. A	52. B	53. B	54. D	55. C	56. B
57. A	58. A	59. A	60. C	61. A	62. A	63. C
64. C	65. C	66. D	67. C	68. A	69. C	70. A
71. C	72. A	73. A	74. B	75. A	76. C	77. B
78. B	79. C	80. B	81. B	82. D	83. B	84. D
85. B	86. A	87. A	88. A	89. C	90. C	91. C
92. C	93. B	94. C	95. C	96. B	97. D	98. A
99. C	100. B	101. A	102. A	103. A	104. D	105. D
106. C	107. D	108. A	109. A	110. C	111. B	112. A
113. C	114. B	115. B	116. C	117. A	118. B	119. C
120. B	121. D	122. A	123. A	124. A	125. D	126. C
127. B	128. C	129. C	130. B	131. C	132. C	133. A
134. A	135. C	136. C	137. D	138. D	139. A	140. A
141. A	142. D	143. B	144. A	145. C	146. A	147. B
148. A	149. C	150. A	151. A	152. B	153. C	154. A
155. C	156. C	157. A	158. B	159. A	160. A	

二、判断题

1. √	2. ×	3. ×	4. ×	5. √	6. ×	7. ×
8. √	9. √	10. ×	11. ×	12. ×	13. ×	14. ×
15. ×	16. √	17. ×	18. ×	19. ×	20. ×	21. ×
22. √	23. ×	24. ×	25. ×	26. √	27. ×	28. √
29. ×	30. ×	31. √	32. ×	33. ×	34. √	35. ×
36. √	37. ×	38. ×	39. ×	40. ×		

参 考 文 献

［1］ 徐政. 电机与变压器［M］. 北京：中国劳动社会保障出版社，2008.

［2］ 沙莎，王树清. 电工基础［M］. 北京：中国水利水电出版社，2015.

［3］ 陈惠群. 电工仪表与测量［M］. 北京：中国劳动社会保障出版社，2007.

［4］ 王树清，沙莎. 电子技术项目化教程［M］. 贵阳：贵州大学出版社，2011.

［5］ 崔国利. 机械基础［M］. 北京：机械工业出版社，2012.